C Programming Language
Fourth Edition

C语言程序设计

（第4版）

黄洪艺　李慧琪　张丽丽◎编著
Huang Hongyi　Li Huiqi　Zhang Lili

清华大学出版社
北京

内容简介

本书内容包括程序设计语言和程序设计的基本概念，C语言的词法语法，三种基本控制结构，函数的定义和调用，数组、结构体、指针等复杂数据类型的定义和应用，文件操作等。并且每章都配有例题和练习题。

本书的特点如下：①重点介绍C语言基本的、常用的语法，忽略不常用或可替代的语句；②注重程序设计语言的共性，使读者学习C语言之后具有自学其他程序设计语言的能力；③以介绍C语言的语法为线索，通过精心组织的示例，将程序设计的一般方法和技术贯穿在示例分析中，适合于案例教学。

本书在中国大学MOOC上提供大量的自学视频、课件、单元测验等学习资料，并提供讨论与答疑。

本书适合作为高等学校非计算机专业"C语言程序设计"课程的教材，特别适合于周授课3学时或3学时以下的学生使用。由于配套MOOC资源，本书也适合作为自学编程者的入门教材。

本书封面贴有清华大学出版社防伪标签，无标签者不得销售。
版权所有，侵权必究。举报：010-62782989，beiqinquan@tup.tsinghua.edu.cn。

图书在版编目（CIP）数据

C语言程序设计/黄洪艺，李慧琪，张丽丽编著. —4版. —北京：清华大学出版社，2017（2024.9重印）
ISBN 978-7-302-48193-5

Ⅰ.①C… Ⅱ.①黄… ②李… ③张… Ⅲ.①C语言—程序设计 Ⅳ.①TP312.8

中国版本图书馆CIP数据核字(2017)第207850号

责任编辑：盛东亮
封面设计：李召霞
责任校对：时翠兰
责任印制：杨　艳

出版发行：清华大学出版社
网　　址：https://www.tup.com.cn，https://www.wqxuetang.com
地　　址：北京清华大学学研大厦A座
邮　　编：100084
社　总　机：010-83470000
邮　　购：010-62786544
投稿与读者服务：010-62776969，c-service@tup.tsinghua.edu.cn
质量反馈：010-62772015，zhiliang@tup.tsinghua.edu.cn
课件下载：https://www.tup.com.cn，010-83470236

印 装 者：三河市龙大印装有限公司
经　　销：全国新华书店
开　　本：185mm×260mm
印　　张：15.75
字　　数：385千字
版　　次：2006年9月第1版　2017年9月第4版
印　　次：2024年9月第9次印刷
定　　价：39.00元

产品编号：076173-01

前 言
PREFACE

"C语言程序设计"是高校非计算机专业学生的编程入门课程,厦门大学公共计算机教学部已开设该门课程超过20年。通过长期的计算机基础教学实践与研究,老师们都积累了丰富的经验,并先后修订了3次教材,前3版都是基于ANSI C的标准编写的。随着C标准与时俱进地更新,目前的C99标准与ANSI C标准已有较多差异,有些与本书涉及的内容相关。因此促使编者对本书再次进行改版,并配套丰富的教辅资料,具体工作内容如下:

1. 修订内容

第4版对各章节内容进行了修改与补充,包括以下5个方面:

(1) 对C标准更改的地方进行了更新。

(2) 增加了对Dev-C++的介绍,开发环境可以有更多选择。

(3) 为第1~4、6章增设了问答题,这些章节语法知识点较多,记清有一定的难度。问答题多以选项的形式给出,是对主要知识点的归纳。通过问答,厘清与编程相关的主要或易错知识点。

(4) 从易于理解的角度出发,对部分教材内容进行了补充与修改。

(5) 选择题、编程题也做了一定程度的扩充,使习题更有针对性,更有梯度。

在对教材进行改版的过程中,同时保留了第3版的特色,注重案例教学,将编程方法与技巧融入各案例分析中。C语言是一门实践性很强的课程,学好C语言的最佳途径就是编程,多写多练。

2. 配套丰富的教辅资源

为推动信息技术与C语言教学的深度融合,进一步提高教学质量,收获更好的教学效果,厦门大学公共计算机教学部启动在线开放课程的建设,并于2016年10月15日在中国大学MOOC开课,课程链接为http://www.icourse163.org/course/XMU-1001771003,其中有大量的教辅资源。

教辅资源内容包括以下4类:

1) 75个教学短视频

MOOC课程与传统上课不同,学生是课程学习的主人,教师是学生学习的引导者和辅助者,从"教"为中心改为以"学"为中心。为激发学生的学习积极性,我们对教学内容进行合理规划,把知识点碎片化为一个个不超过10分钟的视频,精心组织每个视频的内容,充分使用现代技术将知识点以易于吸收的形式展示。

视频完全免费观看。每轮开课分13周在线发布,与课堂教学同步。学生可以自选时间观看,每轮课程结束后仍然一直开放,参与者可以随时观看。

2) PDF 讲稿

可以免费自由下载。讲稿简洁清晰,以另一种方式阐述教学内容,便于复习与归纳。

3) 在线单元测试与作业

每周知识配有单元测试题,系统自动评分。答题结束后,可以看到每道题的解析。单元测试题以巩固知识点为目的,同时通过自主做题掌握重点、难点,学习编程技巧。作业题是编程题,侧重于应用,也是书后习题的有益补充。

4) 讨论、答疑

重要章节设计有课堂讨论题,是对所学知识的扩充与引导。积极参与课堂讨论,有助于语法的深入理解及学以致用。对于学习过程中的任何问题,也可以在讨论区中提出,同学和老师都可以参与解答,在互助的环境中学习。

到 2017 年 6 月 10 日截止,已完成两轮开课,视频、单元测试等各类资源已较成熟。在此,要诚挚地感谢庄朝晖、曾华琳老师的参与,使得内容更为丰富完整。还要特别地感谢黄保和老师,他一直支持 MOOC 建设,并为《C 语言程序设计(第 4 版)》的编写无私地提供材料与建议。最后还要感谢厦门大学公共教学部的各位老师,他们为教材的改进一如既往地提供帮助与支持。

《C 语言程序设计(第 4 版)》由黄洪艺策划和统稿。黄洪艺编写第 1、2、3、11 章,李慧琪编写第 4、5、10 章,张丽丽编写第 6、7、8、9 章。

"C 语言程序设计"课程是厦门大学重点建设的慕课课程,本课程可到"中国大学 MOOC"(http://www.icourse163.org/)观看学习。每年春、秋两季开课,开课期间,在"中国大学 MOOC"首页搜索"C 程序设计基础",即可看到课程并进入学习。也可通过上页介绍的课程链接进入课程。

在使用本书过程中,如有宝贵意见和建议,恳请与黄洪艺联系(邮箱:hyhuang@xmu.edu.cn)。

编 者

2017 年 8 月

目 录
CONTENTS

第 1 章　绪 论 ………………………………………………………………………………… 1
　1.1　程序设计语言 …………………………………………………………………………… 1
　1.2　程序设计 ………………………………………………………………………………… 2
　　　1.2.1　程序设计概念 …………………………………………………………………… 2
　　　1.2.2　算法 ……………………………………………………………………………… 2
　　　1.2.3　程序设计的步骤 ………………………………………………………………… 2
　1.3　C 语言发展和 C++简介 ………………………………………………………………… 4
　　　1.3.1　C 语言发展简述 ………………………………………………………………… 4
　　　1.3.2　C++简介 ………………………………………………………………………… 5
　　　1.3.3　集成开发环境 …………………………………………………………………… 5
　1.4　C 语言程序的构成 ……………………………………………………………………… 5
　1.5　Visual C++简介 ………………………………………………………………………… 9
　　　1.5.1　运行简单 C 程序 ………………………………………………………………… 9
　　　1.5.2　程序调试一般过程和手段 ……………………………………………………… 11
　　　1.5.3　Visual C++调试方法和工具 …………………………………………………… 12
　1.6　Dev-C++ 5.11 简介 …………………………………………………………………… 14
　　　1.6.1　C 程序的编辑与运行 …………………………………………………………… 15
　　　1.6.2　Dev-C++调试方法和工具 ……………………………………………………… 16
　习题 …………………………………………………………………………………………… 18
第 2 章　C 语言基础 …………………………………………………………………………… 21
　2.1　C 语言词法 ……………………………………………………………………………… 21
　　　2.1.1　基本字符集 ……………………………………………………………………… 21
　　　2.1.2　关键字 …………………………………………………………………………… 21
　　　2.1.3　特定字 …………………………………………………………………………… 22
　　　2.1.4　标识符 …………………………………………………………………………… 22
　　　2.1.5　运算符 …………………………………………………………………………… 22
　　　2.1.6　分隔符 …………………………………………………………………………… 23
　2.2　C 语言的数据类型 ……………………………………………………………………… 23
　　　2.2.1　数据类型概述 …………………………………………………………………… 23
　　　2.2.2　基本数据类型 …………………………………………………………………… 24
　2.3　常量与变量 ……………………………………………………………………………… 26
　　　2.3.1　常量 ……………………………………………………………………………… 26
　　　2.3.2　变量 ……………………………………………………………………………… 32

　　　　2.3.3　常量与变量应用举例 ………………………………………………………… 33
　2.4　表达式 …………………………………………………………………………………… 36
　　　　2.4.1　表达式概述 …………………………………………………………………… 36
　　　　2.4.2　算术表达式 …………………………………………………………………… 37
　　　　2.4.3　类型转换 ……………………………………………………………………… 38
　　　　2.4.4　赋值表达式 …………………………………………………………………… 40
　　　　2.4.5　自增、自减表达式 …………………………………………………………… 42
　　　　2.4.6　逗号表达式 …………………………………………………………………… 43
　习题 …………………………………………………………………………………………… 44
第 3 章　结构程序设计 ……………………………………………………………………………… 48
　3.1　结构化程序设计方法 …………………………………………………………………… 48
　3.2　语句的概念 ……………………………………………………………………………… 50
　3.3　输入输出函数 …………………………………………………………………………… 52
　　　　3.3.1　格式输出函数 ………………………………………………………………… 52
　　　　3.3.2　格式输入函数 ………………………………………………………………… 57
　　　　3.3.3　字符输出函数 ………………………………………………………………… 59
　　　　3.3.4　字符输入函数 ………………………………………………………………… 59
　3.4　顺序结构程序设计举例 ………………………………………………………………… 60
　习题 …………………………………………………………………………………………… 62
第 4 章　选择结构程序设计 ………………………………………………………………………… 65
　4.1　关系表达式和逻辑表达式 ……………………………………………………………… 65
　　　　4.1.1　关系表达式 …………………………………………………………………… 65
　　　　4.1.2　逻辑表达式 …………………………………………………………………… 66
　4.2　if 语句 …………………………………………………………………………………… 67
　　　　4.2.1　if 语句 ………………………………………………………………………… 67
　　　　4.2.2　if…else 语句 ………………………………………………………………… 70
　　　　4.2.3　if 语句的嵌套 ………………………………………………………………… 72
　　　　4.2.4　if…else if 语句 ……………………………………………………………… 75
　　　　4.2.5　条件表达式 …………………………………………………………………… 78
　4.3　switch 语句 ……………………………………………………………………………… 79
　习题 …………………………………………………………………………………………… 81
第 5 章　循环结构程序设计 ………………………………………………………………………… 87
　5.1　for 语句 ………………………………………………………………………………… 87
　5.2　while 语句 ……………………………………………………………………………… 93
　5.3　do…while 语句 ………………………………………………………………………… 97
　5.4　循环的嵌套 ……………………………………………………………………………… 100
　5.5　break 语句和 continue 语句 …………………………………………………………… 102
　5.6　goto 语句 ………………………………………………………………………………… 104
　5.7　常用算法举例 …………………………………………………………………………… 105
　习题 …………………………………………………………………………………………… 110
第 6 章　函数 ………………………………………………………………………………………… 116
　6.1　函数定义与调用 ………………………………………………………………………… 116

6.1.1　函数定义 ·· 118
　　　6.1.2　函数调用 ·· 119
　　　6.1.3　函数原型声明 ·· 122
　6.2　函数间数据传递 ·· 123
　　　6.2.1　函数参数 ·· 124
　　　6.2.2　函数返回值 ··· 125
　6.3　函数的嵌套与递归 ·· 126
　　　6.3.1　函数嵌套调用 ·· 127
　　　6.3.2　函数递归调用 ·· 128
　6.4　函数应用举例 ·· 130
　6.5　变量属性 ··· 133
　　　6.5.1　变量的生存期和可见性 ··· 133
　　　6.5.2　变量的作用域 ·· 133
　　　6.5.3　变量的存储类别 ··· 136
　习题 ·· 139

第 7 章　编译预处理 ·· 144

　7.1　宏定义 ··· 144
　　　7.1.1　不带参数的宏 ·· 144
　　　7.1.2　带参数的宏 ··· 146
　　　7.1.3　取消宏定义 ··· 148
　7.2　文件包含 ··· 148
　7.3　条件编译 ··· 150
　　　7.3.1　#if 和 #endif 命令 ·· 150
　　　7.3.2　#ifdef 和 #ifndef 命令 ·· 151
　　　7.3.3　defined 预处理运算符 ·· 152
　习题 ·· 152

第 8 章　数组 ··· 155

　8.1　一维数组 ··· 155
　　　8.1.1　一维数组的定义 ··· 155
　　　8.1.2　一维数组的引用 ··· 156
　　　8.1.3　一维数组的初始化 ·· 158
　　　8.1.4　一维数组应用举例 ·· 159
　8.2　多维数组 ··· 161
　　　8.2.1　二维数组的定义和引用 ··· 161
　　　8.2.2　二维数组的初始化 ·· 162
　　　8.2.3　二维数组应用举例 ·· 162
　8.3　字符串 ··· 164
　　　8.3.1　字符型数组 ··· 164
　　　8.3.2　字符串 ··· 165
　　　8.3.3　字符串处理函数 ··· 167
　　　8.3.4　字符串应用举例 ··· 170
　习题 ·· 171

第 9 章　结构体、共用体和枚举类型 174
9.1　结构体 174
9.1.1　结构体类型的定义 174
9.1.2　结构体变量定义和初始化 175
9.1.3　结构体变量的引用 177
9.1.4　结构体数组 179
9.2　共用体 182
9.2.1　共用体类型的定义 182
9.2.2　共用体变量的定义 183
9.3　枚举类型 185
9.3.1　枚举类型的定义 185
9.3.2　枚举变量的定义 186
9.4　typedef 语句 188
习题 189

第 10 章　指针 191
10.1　地址与指针变量 191
10.1.1　内存单元地址 191
10.1.2　指针 191
10.1.3　指针变量的定义和初始化 192
10.1.4　指针的运算 193
10.2　指针与函数 195
10.2.1　指针变量作为函数参数 195
10.2.2　函数的返回值为指针 197
10.2.3　指向函数的指针 198
10.3　指针与数组 199
10.3.1　一维数组与指针 199
10.3.2　字符串与指针 203
10.3.3　指针数组 205
10.4　指针与结构体 209
10.4.1　指向结构体的指针 209
10.4.2　动态存储分配 211
10.4.3　链表 212
习题 217

第 11 章　文件 221
11.1　文件概述 221
11.2　文件的打开和关闭 223
11.2.1　文件的打开 223
11.2.2　文件的关闭 224
11.3　文件的读写 225
11.3.1　文本文件的读写 225
11.3.2　二进制文件的读写 229

11.4　文件的定位 ……………………………………………………………………… 231
　　习题 ………………………………………………………………………………… 234
附录 A　ASCII 编码字符集 ……………………………………………………………… 236
附录 B　C 语言运算符的优先级和结合性 …………………………………………… 240
参考文献 ………………………………………………………………………………… 242

第 1 章 绪 论

CHAPTER 1

C语言是当今世界上使用最广泛的程序设计语言之一。本章将简单回顾程序设计语言的发展历程，概述程序设计、算法的概念及程序设计的主要步骤，再介绍C语言的产生和发展以及C程序的构成、编辑、调试与测试等。

1.1 程序设计语言

用计算机解决问题，就要编写程序。所谓程序，是指以某种程序设计语言为工具对解决问题的操作序列的描述。程序表达了解决问题的过程，用于指挥计算机进行一系列操作，从而实现问题的解决。程序设计语言就是用户用于编写程序的语言，是一种人造语言。程序设计语言是计算机软件系统的重要组成部分，可分为机器语言、汇编语言和高级语言。用高级语言编写的程序（称其为源程序）要通过编译程序翻译成机器语言程序后计算机才能执行，或者通过解释程序对源程序边解释边执行。

1. 机器语言

最初的程序是用机器语言编写的，机器语言由一系列基本指令组成，这些指令可以由机器直接执行。机器语言编写的程序是由二进制代码组成的代码序列。使用机器指令进行程序设计要求程序设计者具有广博的计算机专业知识，对机器的硬件有充分的了解，这种程序的可读性差，而且由于不同机器的指令系统不同，程序的可移植性差，大大地限制了程序的通用性。此外，用机器语言描述问题的处理方式也与人们习惯的思维方式有较大差距。

2. 汇编语言

为了便于记忆，人们很自然地用助记符号来代表机器语言中的01代码，这种用助记符号描述的指令系统称为汇编语言。为了把汇编语言编写的程序转换为机器语言程序，人们开发出了称为"汇编程序"的"翻译程序"。汇编语言指令与机器语言指令是一一对应的，因此，汇编语言也是与具体计算机硬件相关。汇编语言除了可读性比机器语言好外，同样也存在机器语言的缺点，尤其是描述问题的方式与人们习惯相差太远。

3. 高级语言

为了提高程序开发效率，针对机器语言和汇编语言的缺点，20世纪50年代中期，IBM公司的一个编程小组提出了一个设想，能否用数学公式来编写人们想要进行的计算，然后再让计算机将这些公式翻译（解释）为机器语言呢？最终该团队于1955年完成了ForTran(formulation translation)的最初版本，这是第一个高级编程语言。从此以后，各种高级语言相继涌现，其中能引起广泛关注和使用的主要有 BASIC、ALGOL、COBOL、Pascal、C 语言等。在众多的高级语言中，最为流行，也是最成功的当数 C 语言，它既可用来写应用软件，也可用来写系统软件（如 UNIX 操作系统等）。

与低级语言（机器语言、汇编语言）相比，高级语言的表达方式更接近人类自然语言的表述习惯，具有较好的可读性，并且不依赖于计算机的具体型号，具有良好的可移植性。

1.2 程序设计

程序设计是一门用计算机解决问题的科学，在掌握程序设计错综复杂的内容之前，有必要对什么是程序设计这一概念有一个感性的认识。

1.2.1 程序设计概念

程序设计的目的就是用计算机解决问题。用计算机解决问题大体上要经过两个步骤，第一步是通过分析问题构造出一个解决问题的算法（即解决问题的方法和步骤），这个过程称为算法设计；第二步是用一种程序设计语言（如 C 语言）将该算法表达为程序，这个过程称为编码。程序设计的两个步骤是相辅相成的，作为一个程序设计新手，只能从简单的问题入手，而简单问题的解决方法也较简单，所以算法设计阶段不会有什么困难，而 C 语言对于初学者来说是全新的，因此初学程序设计时，编码常常会是两个步骤中较为困难的阶段。但可以确定的是，随着对 C 语句语法的了解，随着编程实践的不断增加，编码会变得越来越简单。相反地，随着遇到的问题愈来愈复杂，算法设计会变得更加困难和更具有挑战性。

1.2.2 算法

算法泛指解决某一个问题的方法和步骤。事实上，做任何事情都有一定的方法和步骤，例如洗手，你要首先打开水龙头，把手淋湿，然后用肥皂抹手，最后再伸手冲水把肥皂沫洗净，并关上水龙头。这些步骤都是按一定的顺序进行的，缺一不可，顺序错了也不行。因此，从事各种工作和活动，都必须事先设计好步骤，然后按部就班地进行，才能避免产生错乱。算法是一种解决问题的策略，是人们对问题进行分析和抽象的结果。无论是数学公式，还是计算机程序，都属于算法的具体表现。但算法不等于程序，其含义和范围更广。算法是程序设计的灵魂。不了解算法就谈不上程序设计，因此对于程序设计人员来说，必须会设计算法，并且能根据算法编写程序。需要说明的是，不要认为只有"计算"的问题才有算法。

1.2.3 程序设计的步骤

对于初学编程的人来说，往往简单地把程序设计理解为编写一个程序，认为能根据实际问题直接用计算机语言编出一个程序就行了，这样理解是不全面的。事实上，程序是程序设计的最终产品，需要经过中间每一步的细致加工才能得到。如果企图一开始就编写出程序，往往会适得其反，达不到预想的结果。对于大型的程序，由算法设计和编码两步骤组成只是大略说法，严格地说，程序设计一般应遵循以下步骤：

1. 分析问题

用计算机解决问题，首先要对问题进行分析，以便确定这个问题需要计算机做些什么？

如果没有把要解决的问题分析清楚之前就贸然开始编写程序,只能起到事倍功半的效果,而且很难得到满意的结果。因此,分析问题,弄清楚要解决的问题并给出问题的明确定义是解决问题的关键。

2. 系统设计

在弄清要解决的问题之后,就要考虑如何解决它,即如何做? 从本质上看,用计算机解决问题的方式就是对数据进行处理。因此,首先要对问题进行抽象,抽取出能够反映本质特征的数据并对其进行描述,即给出问题的数据结构设计;然后考虑对数据如何进行操作以获得问题的结果,即进行算法设计。不同的程序设计方式在处理数据结构和算法两者之间的关系时是有所区别的。在面向过程程序设计中,把数据结构设计和算法设计分开考虑,而面向对象程序设计是把两者结合成对象来考虑。

3. 编码

在进行数据结构设计和算法设计时,往往采用某种与具体程序设计语言无关的语言(如伪代码或自然语言等)来描述算法。这样做的目的是为了避免一开始就陷入程序设计语言的具体细节中。因为过多地涉及实现细节,不利于从较高抽象层次对问题本质进行考虑,并造成对设计过程难以把握和理解。当然,用伪代码(或自然语言或框图)描述的算法是不能被计算机执行的,必须用具体程序设计语言把它们表示出来,即编程实现。因此,用某种程序设计语言编写程序,也是对问题处理方案的描述,并且是最终的描述。程序文本保存在一个文件或多个文件中。包含程序文本的文件称为源文件,即源程序文件。

4. 测试与调试

源程序文件要经过编译程序翻译成等价的目标程序文件,并将一系列目标文件及库文件连接在一起生成可执行文件,程序才能被计算机执行。

程序编写好后,还需要进行调试和测试。只有经过调试的程序才能正式运行。所谓调试,是指找出程序中的错误并改正错误。因此,调试又称查错。而所谓测试,是指精心设计一批测试用例(包括输入数据和与之相应的预期输出结果),然后分别用这些测试用例运行程序,看程序的实际运行结果与预期输出结果是否一致,以尽可能多地发现程序中的错误。因此,测试的目的也是为了发现程序中的错误,而不是证明程序正确。调试和测试往往是交替进行的,通过测试发现程序中的错误,通过调试进一步找出错误的位置并改正错误。这个过程往往需要重复多次,这一步骤是程序设计中最困难的一步。

程序中的错误通常有三种:语法错误、逻辑错误和运行异常错误。语法错误是指源程序中存在违反 C 语法规则的地方,如语句后遗漏了分号";"或忘记定义变量等,程序编译时可以发现这类错误,并会给出出错信息提示和出错位置,用户可以根据编译器提供的提示信息修改源程序。逻辑错误是指程序没有完成预期的功能,如源程序中错将"c=a％b"写成"c=a/b",或该用"= ="的地方却误用了"="等,编译程序时,编译器发现不了这类错误,但程序运行时,会产生错误的结果,甚至根本无法显示结果。遇到此类错误,用户往往需要通过设置断点,跟踪程序的运行过程等测试手段,才能发现它们。因此程序设计中最致命的错误是逻辑错误,因为它不太容易被发现,并且会导致程序不能正确地解决问题。在程序中找出并修正逻辑错误的过程称为程序调试,它是软件开发中不可缺少的一个环节。俗话说,"三分编程七分调试",说明程序调试的工作量要比编程的工作量大得多。运行异常错误是指程序对程序运行环境的非正常情况考虑不足而导致的程序运行异常终止。逻辑错误和运行异常错误可能是编程阶段导致的，也有可能是系统设计阶段或问题分析阶段的缺陷。这两类错误一般都要通过测试才能发现。

无论你采用何种测试手段，都只能发现程序有错，而不能证明程序正确。即使程序通过了良好的测试，总还是会有一些隐蔽的错误。作为一个编程者，任务就是尽可能地对程序进行彻底测试，不断找出并改正错误。

5. 整理文档资料

对于程序设计人员来说，平时的归纳和总结很重要。程序员应将平时的源程序和各种文字资料进行归类保存，以便今后的查询。最后还要编写使用和维护该程序的说明书，供程序用户参考。

6. 运行与维护

程序通过测试后就可交付使用了，但程序在使用中还需要不断得到维护。程序维护可分为正确性维护、完善性维护和适应性维护。程序即使经过大量测试，源代码中依然可能存在逻辑错误，这些错误会在程序的使用过程中不断暴露。当出现一些不常见的、未预料到的情况时，之前隐藏的异常错误就会导致程序运行失败。当一个程序使用了一段时间后，客户会期望程序能做些别的事情，对于用户提出的完善和扩充程序功能的要求，程序开发者应考虑响应这些要求。无论是排除逻辑错误还是要完善程序功能，在任何情况下都需要有人查看程序，做出必要的修改，并确保这些修改能使程序更好地工作。

如果对程序的功能进行了较大的更改，应发布程序的新版本。

1.3 C 语言发展和 C++ 简介

1.3.1 C 语言发展简述

1972 年，为了编写 UNIX 操作系统，贝尔实验室的 D. M. Ritchie 设计并实现了 C 语言。后来，C 语言被多次进行改进，使其逐渐成熟，并先后移植到各种计算机上，现在 C 语言已成为世界上使用最广泛的程序设计语言之一。在软件产业蓬勃发展的今天，越来越多的程序都是由 C 语言编写的。

C 语言在其发展过程中，涌现了众多不同的版本，其中有 3 个重要的标准。一是 Brian W. Kernighan 和 Dennis M. Ritchie 于 1978 年合著的名著 *The C Programming Language*，被称为标准 C。二是美国国家标准委员会（ANSI）于 1983 年制定的 ANSI C，它于 1989 年通过。ANSI C 制订了 C 语言及其运行时函数库的标准，比原来的标准 C 有了很大的发展。1990 年国际标准化组织（ISO）对 ANSI C 做了少量修改，并通过了该标准，有的书也将该标准称为 C89 或 C90。ISO 标准定期审查更新，1999 年发布了第三个重要标准，简称 C99。该标准增加了很多新特性，如增加了关键字、复数运算、数据类型的扩展以及提高对非英语字符集的支持等。标准化促使 C 语言在商业、学术等编程领域得到更广泛的应用。

此后，尽管 C++、Visual C++ 开发如火如荼，C 语言也并没有停滞不前，更没有被替代，虽然版本不断更新、升级，但 C 语言的特征未变，C 语言仍然是 C 语言。

1.3.2 C++简介

当 C 语言程序达到一定的规模后,维护和修改显得相当困难。为了满足管理程序复杂性的需要,贝尔实验室的 Bjarne Stroustrup 博士于 1979 年开始对 C 语言进行了改进和扩充,并引入了面向对象程序设计的内容,最初取名为"带类的 C",1983 年改名为 C++。在经历了 3 次重大修订后,于 1994 年制定了标准 C++草案,后又经不断完善,成为目前的 C++,它具有以下特点:

(1) C++是 C 语言的超集。C++由两部分组成:一是过程性语言部分,这部分与 C 语言无本质区别;二是类和对象部分,这是 C 语言所没有的,它是面向对象程序设计的主体。

(2) C++充分保持了与 C 语言的兼容性,绝大多数 C 语言程序可以不经修改直接在 C++环境中运行。

(3) C++仍然支持面向过程的程序设计,不仅是一种理想的结构化程序设计语言,又几乎全部包含了面向对象程序设计的特征。

(4) C++继承了 C 语言的高效率、灵活性好等优点。用 Bjarne Stroustrup 博士的话来说,C++使程序"结构清晰、易于扩展、易于维护而不失效率"。

(5) C++是一种标准化的、与硬件基本无关的、广泛使用的程序设计语言,具有很好的通用性和可移植性。C++程序通常无需修改,或稍作修改,即可在其他计算机系统上运行。

1.3.3 集成开发环境

本书将介绍两种集成开发环境:Visual C++ 6.0 和 Dev-C++ 5.11。它们既能开发 C++语言程序,也能开发 C 程序,而且操作简单易学。本书所有例子的编程环境均在 Visual C++ 6.0 和 Dev-C++ 5.11 中通过测试。编程者只需选择其中一种作为自己的编程工具,然后学习它的使用方法(见 1.5 节或 1.6 节)。

1.4 C 语言程序的构成

C 语言属于人造语言,因此 C 语言与自然语言之间有很多相似之处。自然语言(如英文)由句子、单词和字母组成,C 语言也由基本符号(字符)构成一系列单词(语法元素),由多个单词构成句子(语句),再由多个语句构成程序。不同的是 C 语言具有较严格的语法规则,在语义上也不像自然语言那样具有多义性,程序文本所代表的语义是单一的、确定的。正像写文章时分章节、段落和层次一样,C 程序也具有层次结构,但无论程序规模大小,C 程序都是由函数组成的,而函数又是由语句组成的。

本节将从编写简单的输出程序入门,循序渐进地学习,使读者从整体上对 C 语言程序的基本结构有一个感性认识,下面首先学习简单程序的模板。

C 语言的程序由一个或多个函数组成,main 函数是必需的。初学者应从学习编写只有一个函数的程序开始,也就是只有 main 函数的程序。下面是 main 函数的模板,编程语句写在 return 0 前的空白处。

```
int main()
{
```

语句
return 0;
}

main 是函数的名字，也称为主函数。无论程序中有多少个函数，执行程序时，系统自动从 main 函数开始。花括号{ }界定函数内容的起始和结束，把编写的程序放在{ }内。

花括号中的 return 0 可以结束程序的运行，并且将 0 返回给操作系统，0 告诉操作系统程序是正常结束的。因此可见，main 函数是程序的起始和结束，它是每个程序的必写部分。

下面学习一个简单的输出程序，它是一个经典的入门程序，是第一本 C 语言的书 *The C Programming Language* 的第一个入门例题。

【例 1.4.1】 输出一行字符：hello, world。

```
#include <stdio.h>
int main()
{
    printf("hello, world");
    return 0;
}
```

说明：

(1) 在 main 函数中仅添加了一条语句，其中的 printf 是 C 语言的标准输出函数，它将输出(" ")中的内容。结果显示 hello, world。

(2) C 语言没有输入/输出命令，输入/输出的功能由 C 标准输入/输出函数库中的函数实现，printf 就是其中常用的重要函数。在使用标准输入/输出库函数之前，必须添加预处理命令：#include <stdio.h>，其中的 stdio.h 文件内有库函数的信息，include 命令将函数信息包含进本程序中(见 7.3 节)。

(3) 每个语句的最后以分号结束。注意：程序设计中应使用英文的标点符号，不能使用中文的标点符号。

【例 1.4.2】 输出计算结果。

```
#include <stdio.h>
int main()
{
    printf("%d",2*5);
    return 0;
}
```

科学计算是程序设计的必备功能，输出计算结果也依赖于 printf 函数。printf 中 f 是 format 的意思，指按格式打印输出( )中的内容。printf 函数的完整功能见 3.3.1 节，本例学习输出整数。

说明：

(1) printf 函数的一般格式如下：

printf("格式控制字符串",表达式列表);

功能：按格式控制字符串中的格式依次输出表达式的值。%d 称为整型格式控制符，输出整数表达式的值。

本例输出结果为 10,如果需要输出 n 个整数表达式的值,就需要 n 个%d。例如,

printf("%d,%d,%d",5,2*5,5*2*5);

输出结果如下:

5,10,50

格式控制字符串中非格式符原样输出,如%d 之间的逗号。再如,

printf("length is :%d, width is :%d, area is :%d",5,2*5,5*2*5);

输出结果如下:

length is :5,width is :10,area is :20

(2) 为了使内容在下一行输出,可以在格式控制字符串中添加\n(换行符,见表 2.3.1)。\n 使光标换行,其后续的输出从新的一行开始。例如:

printf("The result is: \n%d",2*5);

输出结果如下:

The result is:
10

下面的例题是由 2 个函数组成的程序,包含 C 程序更多的构成元素。

【例 1.4.3】 已知圆柱体的半径 r、高 h,求其体积 v。

```
/*
file: compute volume
该程序是用于计算圆柱体体积           }程序注释
*/
#include <stdio.h>                  }包含库文件
#define PI 3.14159                  }常量定义
float volume(float r,float h);      }volume 函数原型声明
int main()
{
    float radius, height,vol;        //定义 radius, height, vol 为 float 型变量
    printf("input radius, height: "); //提示用户输入半径 radius 和高 height 的值
    scanf("%f%f",&radius,&height);   //从键盘输入变量 radius 和 height 的值
    vol = volume(radius , height );  //调用函数 volume()计算圆柱体的体积
    printf("vol = %f ",vol);         //输出圆柱体的体积
    return 0;
}
/*
* 函数: volume
* 用法: v = volume(r,h);
* 该函数的功能是计算半径为 r、高为 h 的圆柱体的体积
*/
float volume(float r, float h)
```

```
{
    float v;                /*局部变量的定义*/
    v = PI * r * r * h;
    return v;
}
```
    函数体 } volumn 函数定义

说明：以上 C 程序由注释、预处理命令、主函数、子函数定义等组成。尽管其结构简单，但它展示了 C 程序的框架结构，是 C 语言程序组织的范例。

通常 C 语言程序由以下几方面构成：

1. 注释

在一个具有良好书写风格的程序开头，往往是该程序的注释部分，注释有助于人们阅读和理解程序，有利于对程序的维护。注释是写给人看的，而不是写给计算机的。当 C 编译器将源程序转换成机器能直接执行的目标代码时，注释被完全忽略，因此注释不会被执行。

在 C 语言中，注释是程序中位于符号"/*"和符号"*/"之间的所有文字，可以占连续的几行。"/*"是注释的开始，"*/"是注释的结束，如例 1.4.3 中的程序注释与函数注释。

C99 标准新增另一种的行注释，即某语句行从符号"//"开始至本行结束的所有字符均为注释内容，例如例 1.4.3 中主程序内部的注释。

2. 预处理命令

一般来说，每个 C 程序的开始部分都会有几行是编译预处理命令。例如：

`# include < stdio.h >`

是常见的编译预处理命令。

预处理命令并非 C 语句，是在 C 源程序编译之前由预处理程序处理的命令，预处理命令以字符 # 开头，有关编译预处理命令 include 的用法请参见第 7 章 7.2 节。

3. 程序级定义

在 # include 命令之后，大多数的程序都会包含对整个程序有效的一些定义，如符号常量定义、数据类型定义、全局变量定义等。在例 1.4.3 中的程序只包含了下面一行：

`# define  PI   3.14159`

它也属编译预处理命令（见 7.1 节），C 程序可用它来定义符号常量（见 2.3.1 节），经过定义，PI 就代表 3.14159。

4. 函数原型声明

在 C 程序中，所有计算都是由相应函数完成的。函数是能够完成一定操作、具有具体名称的一组语句。在例 1.4.3 中的程序包含了两个函数：main 和 volume。下面一行代码：

`float volume(float r, float h);`

是函数原型声明（见 6.1.3 节），它使得 C 编译器能够检查函数调用是否和相应的函数定义一致，从而能检查代码中的错误。

5. main 函数

每个完整的 C 程序，无论其功能大小，都是由一个或多个函数组成的，而这些函数可以是系统提供的也可以是用户自定义的，但其中总有一个且仅有一个是被称为主函数的特殊函数，即 main()。该函数作为程序执行的起点，而不论 main 函数在整个程序中的位置如何。

在主函数 main() 中,通常会调用其他函数来完成某些具体工作,被调用的函数可以是由编程员自己编写的,如例 1.4.3 中的函数 volume,也可以是来自于函数库,如例 1.4.3 中的 scanf 和 printf。

6. 用户自定义函数

由于较大的程序理解和修改都不方便,因此大部分的程序都被分成若干个函数。每个函数完成相对独立的功能,作为程序的一个模块,函数由一组相关的语句组成。在例 1.4.3 中,函数 volume() 是一个用户自定义函数,其功能是计算一个半径为 r,高为 h 的圆柱体的体积。主函数通过函数调用语句"vol=volume(radius,height);"调用它。

为了使程序结构清晰和管理方便,通常将一些关系密切的函数组织在一起,放在同一个文件中,因此,C 程序通常由多个源文件组成,并且每个源文件可以单独编译。

1.5 Visual C++ 简介

Visual C++(简称 VC 或 VC++)是 Microsoft 开发的可视化的 C++ 集成开发环境。它集代码的编辑、编译、连接、调试等功能于一体,以一种方便、友好的界面呈现在程序员面前。它不仅可以直接运行 C/C++ 程序,而且还提供了 MFC(microsoft foundation class)及开发工具,可用于快速地创建 Windows 应用程序框架。

1.5.1 运行简单 C 程序

这里介绍对单文件程序的编辑、编译、连接与运行。

1. 编辑源程序

(1) 启动 Visual C++ 6.0;

(2) 选择"文件|新建"命令,打开"新建"对话框;

(3) 在"新建"对话框中(见图 1.5.1),先单击"文件"选项卡,然后再单击 C++ Source File 选项,在"位置"框中选定要保存的 C++ 源文件的文件夹,然后再在"文件名:"框内输入该文件的名字,例如 TwoNumSum,这里不必输入扩展名,默认的扩展名为 .cpp 单击"确定"。则出现源程序编辑窗,如图 1.5.2 所示。用户可以在这个区域输入、编辑源程序。源程序输入完毕后,选择"文件|保存"命令。

2. 编译、连接和运行

已经编辑好的源程序文件,需要编译和连接来检验程序是否有错误并生成可执行文件,具体步骤如下:

(1) 编译:选择"组建|编译 TwoNumSum.cpp"命令。编译结果显示在输出区中,如果没有错误,则生成 TwoNumSum.obj 文件。

(2) 连接:选择"组建|组建 TwoNumSum.exe"命令。连接结果显示在输出区中,如果没有错误,则生成 TwoNumSum.exe 文件。

(3) 运行:选择"组建|执行 TwoNumSum.exe"命令。出现如图 1.5.3 所示的运行结果。

至此,一个简单 C/C++ 程序的编写、调试过程结束。

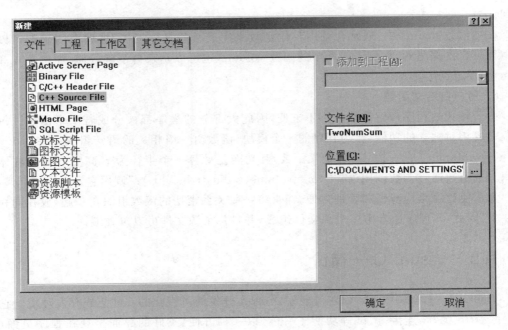

图 1.5.1 新建"C++ Source File"对话框

图 1.5.2 编辑源程序

以上编译、连接和运行也可分别通过工具栏按钮 实现。

图 1.5.3　运行结果

3. 关闭程序工作区

当一个程序编译连接后,Visual C++系统自动产生相应的工作区,以完成程序的运行和调试。当完成一个程序的运行和调试后,若想重新编辑、调试和运行另一个程序,必须关闭上一个程序的工作区,然后按上述1、2步骤重新开始。

关闭工作区,选择"文件|关闭工作区"命令。

1.5.2　程序调试一般过程和手段

1. 程序调试的一般过程

(1) 人工检查。编写好源程序后应对源程序进行人工检查,即仔细阅读分析,以便找出其中的错误。

(2) 编译连接检查。通过编译连接程序,发现程序中的语法错误,并根据编译连接时在编译程序信息窗口内提示的出错信息,找出程序出错之处。例如在 Visual C++ 6.0 中,当编译、连接程序时,若发现语法错误,则会在输出窗口中显示错误信息。例如:D:\VC\TwoNumSum.cpp(7): error C2146: syntax error: missing ';' before identifier 'printf'。

这表示在 TwoNumSum.cpp 源文件中的第 7 行处有一个错误代码为 C2146 的语法错误,即在'printf'之前漏了一个";"。在输出窗口中,用鼠标双击任何一条错误信息,系统可以定位到源程序中错误所在的位置,以便用户改正错误。需要注意的是,有时系统提示的出错行并不是真正出错的行,而真正出错行却是在该提示行的上一行中。另外,源程序中的一个错误可能会产生若干条错误信息,其中第一条信息最能反映错误的位置和类型,所以务必先根据第一条错误信息进行修改,修改后立即再次进行编译,观察是否还有错误信息,即修改一处编译一次。

除了错误信息之外,编译器还可能输出警告(warning)信息。如果只有警告信息而没有错误信息,程序还是可以运行的,但很可能存在某种潜在的错误,而这些错误并不违反C/C++语言的规则。例如,当上述程序的第 3 行为"int a＝5.68;",编译时会显示如下的警告信息:D:\VC\TwoNumSum.cpp(3): warning C4244: 'initializing' : conversion from 'const double' to 'int', possible loss of data。系统给出警告的含义是用浮点型数据来初始化整型变量,有可能导致数据的丢失。对于警告信息,在调试的过程中也要给予一定的重视。

(3) 运行分析。当修改完语法错误并生成可执行程序后,并不意味着程序已经正确。用户常常会发现程序运行的结果与预期的结果相差甚远,或者程序根本就没有运行结果,甚至在运行过程中程序中止或死机。这些现象都意味着程序中存在逻辑错误（bug）。产生逻辑错误的主要原因是算法设计不当或编程实现时的疏忽。一般来说，编译系统不能像对待语法错误那样，明确指出运行错误的原因和位置，但大多数编译系统都为编程者提供了辅助调试工具，可以实现单步运行、设置断点、观察变量和表达式的值等功能，使编程人员可以跟踪程序的执行流程，观察不同时刻变量或表达式值的变化情况，以便从中发现错误。所以，掌握正确的调试程序的方法是用户编程上机的必备技术。

2. 调试程序的常用手段

如果发现程序运行结果有错误，就要调试程序。调试程序的常用手段有标准数据检验、程序跟踪、边界检查和简化循环次数等。具体说明如下：

（1）标准数据检验：在程序编译、连接通过后，就进入了运行测试阶段。测试的第一步就是用若干组已知结果的标准数据（包括输入的数据和与之相应的预期输出结果）对程序进行检验。查看程序的实际运行结果与预期的输出结果是否相符。标准数据一定要具有代表性，比较简洁，以便容易对运行结果的正确性进行分析。若发现结果与预期不符，则表明程序存在逻辑错误。此时应重新思考所用算法是否正确，推敲程序代码是否写错。

（2）程序跟踪：让程序逐句地执行，并通过观察和分析程序执行过程中数据的变化和程序执行流程的变化来查找错误。它是最重要的调试手段之一。在 Visual C++ 和 Dev-C++ 集成环境中对程序的跟踪有以下两种方法：一是直接利用集成环境的单步执行、设置断点、观察变量的值和控制程序的运行等功能对程序进行跟踪；二是用传统的方法，通过在程序中直接设置断点，输出重要变量的值等来掌握程序运行情况。

（3）边界检查：在设计检查用的数据时，要重点检查边界和特殊情况，对于分支程序，每一条路径都要通过检验。

（4）简化：通过对程序进行某种简化来加快调试的速度，如减少循环次数、缩小数组规模以及用注释屏蔽某些次要程序段等。

在程序调试过程中，往往需要将上述方法联合使用，才能把逻辑错误排除。

1.5.3 Visual C++ 调试方法和工具

在程序开发过程中，调试程序、检查程序错误、测试程序的稳定性通常需要借助调试工具。集成在 Visual C++ 中的调试工具具有强大的功能，如果能熟练地使用它，将会使程序开发变得更加容易，大大提高程序开发的效率。

1. 让程序运行到中途暂停以便观察阶段性结果

通常，一个程序是连续运行的，但在程序调试过程中，通常需要观测程序运行过程中某一阶段的状态，以便查找程序的错误原因。这里所说的状态是指程序中各变量或表达式的值等。所以必须使程序在某一点停下来。在 Visual C++ 中，可以通过设置断点来达到这样的目的。在设置好断点之后，当程序运行到设立断点处时就暂停运行，并显示程序断点处有关变量的当前值，用户可以观察变量的值。通过设置断点，可以分段解决问题，从而把出现问题的范围缩小。具体实现方法有如下两种：

1) 在需要暂停的行上设置断点

在 Visual C++ 中，设置断点位置的方法为在需要设置断点的行上单击鼠标右键，在弹出的快捷菜单上选择 Insert Breakpoint 命令，或者把光标移动到要设置断点的行上，按功能键

F9。这时在屏幕上会看到在这一行的左边出现一个褐色的圆点,表示在该位置设立了一个断点,如图 1.5.4 所示。

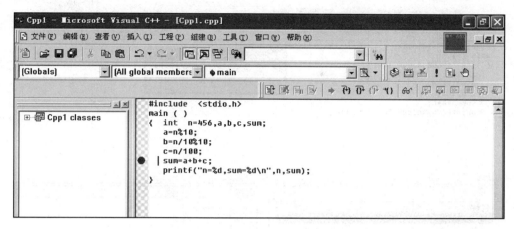

图 1.5.4　设置一个断点

2）使程序运行到光标所在的那一行暂停

首先在需暂停的行上单击鼠标右键,然后选择"组建|开始调试|Run to Cursor"命令,或按 Ctrl+F10 键,程序会在执行到光标所在行时暂停。

2. 进入调试状态

在程序调试中,设置了断点之后,可以选择不同的命令来控制程序的运行。例如,若想让程序运行到断点,可选择"组建|开始调试|Go"命令,或按 F5 键,程序开始运行在 Debug（调试）状态,一个带调试功能窗口出现,并暂停在断点处,可以看到有一个小箭头,它指向即将执行的代码。窗口的外观有两个变化：一是增加了 Debug 菜单；二是用 Variables 和 Watch 窗口取代了原来的输出窗口,如图 1.5.5 所示。Variables 窗口显示了各变量的值,在 Watch 窗口可以输入表达式并显示其值。

3. 设置需观察的变量或表达式

按上述操作,使程序执行到指定位置时暂停,目的是为了查看有关的中间结果。如图 1.5.5 所示的调试窗口,在其左下角的变量观察窗口中,VC++编译器自动显示有关变量的当前值,其中变量 a、b、c 和 n 的值分别为 6、5、4 和 456。而变量 sum 的值是不正确的,因为它还未被赋值。如果还想观察更多变量或表达式的值,可在右下角的 Watch 窗口的名称框中输入相应变量名或表达式。

4. 单步执行

当程序执行到某个位置暂停时,通过观察变量的值,若发现结果已经不正确,则表明在该位置之前,程序肯定有错误存在。如果能确定存在错误的程序段,则可暂停在该程序段的头一行,并在 Watch 窗口中输入需要查看的变量,然后单步执行程序,即一次执行一行语句,逐行检查下来,查看到底是哪一行的语句造成结果错误,从而确定错误的语句并予以纠正。

在 VC++中单步执行可单击"调试"工具栏中的 Step Over 按钮或按功能键 F10。如果遇到函数调用语句,又不想进入被调函数单步执行,可继续单击 Step Over 按钮,使程

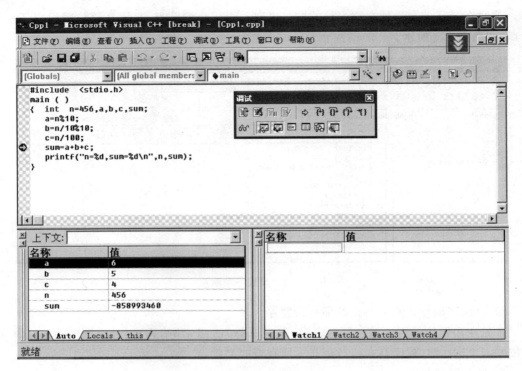

图 1.5.5　调试窗口

序停在该调用语句后面的语句行上；但若想进入该被调函数单步执行，则需单击"调试"工具栏中 Step Into 按钮 或按功能键 F11。进入被调函数内，并将从被调函数的第一行语句开始单步执行。当发现不需要对该函数单步执行时，可单击"调试"工具栏中 Step Out 按钮 或按 Shift＋F11 键，从该函数体内跳出，返回到函数调用语句后面的语句。

需要注意的是单步执行时每次执行一行语句，便于跟踪程序的执行流程以及观察各变量的值。因此，为了调试方便，需要单步执行的语句不要与其他语句写在一行中。

5. 取消断点

一旦设置了断点，不管用户是否还需要调试程序，每次执行程序都会在断点上暂停，因此调试结束后应取消所有设置的断点。在需要取消断点的行上单击鼠标右键，在弹出的快捷菜单上选择 Remove Breakpoint 命令，或者把光标移动到要取消断点的行上，然后按功能键 F9。若有多个断点要一次性取消，可单击"编辑|断点…"命令，打开 Breakpoint 对话框，单击对话框右下角的 Remove All 按钮，再单击"确定"按钮，将取消所有断点。

6. 停止调试

单击菜单"调试|Stop Debugging"命令，或按 Shift＋F5 键，就可中断当前调试过程，并返回编辑状态。

1.6　Dev-C++ 5.11 简介

Dev-C++是一个 Windows 下的 C/C++程序的集成开发环境，集编辑、编译、连接、执行、调试功能于一体，提供语法加亮度显示、自动补全代码、函数提示等功能。不仅功能齐全、界面友好,而且是免费软件,可以自由下载获取。

1.6.1　C程序的编辑与运行

1. 编辑源程序

(1) 启动 Dev-C++ 5.11。

(2) 选择"文件|新建|源代码"命令,出现编辑窗口(见图1.6.1)。用户可以在其中输入、编辑源程序。

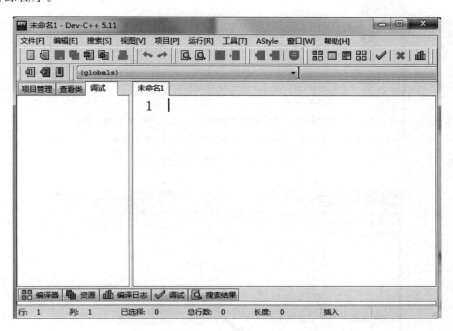

图1.6.1　编辑窗口

(3) 源程序输入完毕后,选择"文件|保存"命令,打开"保存为"对话框(见图1.6.2),在"保存在"下拉框中选择保存文件的文件夹,然后在"文件名"框内输入文件名。

因为 Dev-C++ 既支持 C++,也支持 C,它的默认文件的扩展名是.cpp,是 C++的源文件,如果想保存为 C 程序的源文件,可以在"保存类型"下拉列表中选择"c source files(*.c)",扩展名为.c。

2. 编译和运行

已经编辑好的源程序文件,需要编译来检验程序是否有错误并生成可执行文件,具体步骤如下:

(1) 编译:选择"运行|编译"命令,在下面的编译信息框中(如图1.6.3)可以看到,错误是0个,产生可执行文件1.exe。如果程序有语法错误,则不能通过编译,编译器会列出错误信息,包括错误所在的行号、列号以及错误原因。

Dev-C++在编译时,将编译、连接一起完成,直接产生可执行文件。这是它与 Visual C++ 6.0 的不同之处。

(2) 运行:选择"运行|运行"命令,弹出运行窗口,输出如图1.6.4所示的运行结果。

虚线下面是提示信息,按任意键,可以返回刚刚的编辑窗口。

图 1.6.2 "保存为"对话框

图 1.6.3 源程序编译时的界面

图 1.6.4 运行结果

以上编译和运行也可分别通过工具栏按钮 实现。

1.6.2 Dev-C++调试方法和工具

使用 Dev-C++的调试工具,必须先完成一个设置。

选择"工具|编译选项"命令,打开"编译器选项"对话框,其中的"代码生成/优化"选项卡中有一个"连接器"标签,将上面的"产生调试信息"的值 no 改为 yes,单击"确定"按钮。此

后,才可以使用调试工具。

当编译通过,但运行结果不正确时,可以进入调试,一步一步执行程序,查找错误位置。

Dev-C++ 5.11 的调试方法、步骤与 Visual C++ 6.0 的相同,在此不再重述。本节仅介绍 Dev-C++集成环境中各步骤对应的操作命令。

1. 设置断点

首先在需暂停的行上右击,然后选择"运行|切换断点"命令,或者单击行号,该行呈红色(见图 1.6.5),表示该行已设置为断点,当程序运行至该行时会暂停。

断点设置是一个开关设置,一次设置断点,再一次就是取消断点。

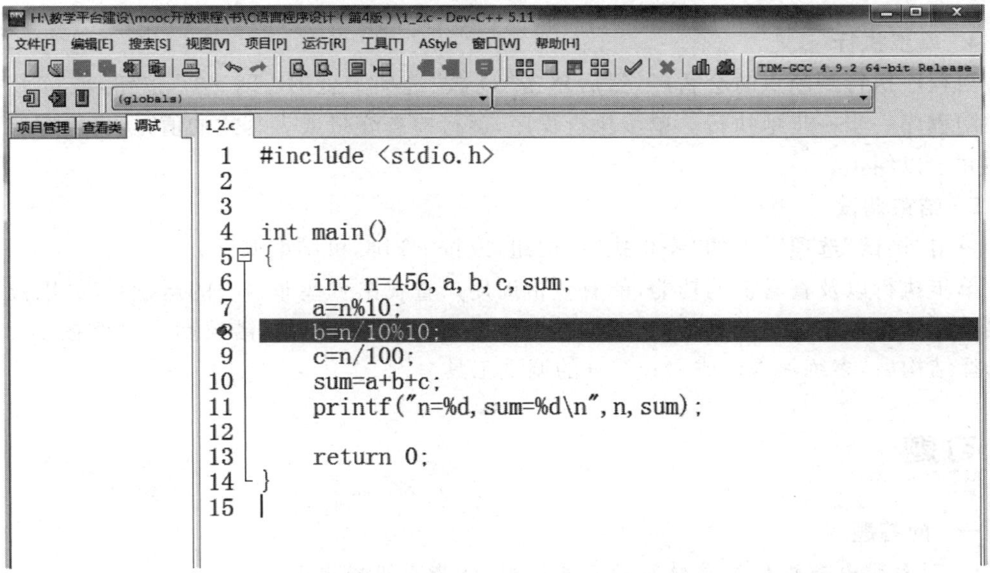

图 1.6.5 设置断点

2. 进入调试界面

在"编辑"窗口下面有一组选项卡,单击"调试"选项卡上的"调试"按钮(见图 1.6.6),或按 F5 键,程序进入调试状态。

图 1.6.6 "调试"选项卡

3. 查看变量与表达式的值

通过观察变量或表达式的值的变化,可以提高查错效率,找出程序的逻辑错误。

单击"调试"选项卡上的"添加查看"按钮,或按 Alt+a 键,打开"新变量"对话框(见图 1.6.7)。在框内输入要跟踪的变量或表达式。这些变量或表达式会列在左边的窗格内,跟随程序的执行流程,显示它们的当前值。

图 1.6.7 "新变量"对话框

4. 单步执行

当程序执行到断点时会暂停,然后单击"调试"选项卡上的"下一步"按钮,或按 F7 键,可控制程序一步一步地执行。单步执行程序,逐行检查变量或表达式的值,从而确定错误的语句并予以纠正。

5. 结束调试

单击"调试"选项卡上的"停止执行"按钮,或按 F6 键,可结束调试。

单步执行以及查看值的功能,能有效帮助用户查找出一些非语法的运行错误,以及逻辑错误。尤其在程序越来越复杂的时候,能够大大地提高用户的查错效率。建议在学习第 4 章选择结构后,多练习 VC 或 Dev-C++ 的调试工具。

习题

一、问答题

1. 下面列出一些 C 程序编写的基本规则,请指出正确规则。
(1) 语句结束必须用分号
(2) 程序中的标点符号(如分号";")必须用英文的标点符号
(3) 注释不影响程序的运行
(4) \n 实现换行
(5) main 函数必不可少
(6) 若使用 printf 输出结果,则必须在程序前添加 #include < stdio. h >

2. 请指出下面程序的错误。

```
int mian()
{
    printf("hello world")
    return 0;
}
```

(1) printf("hello world") 后面少分号
(2) 主函数名写错
(3) 多了 return 0;
(4) main() 后面少分号

(5) 少了#include <stdio.h>

3. 指出输出结果为 500+200=700 的语句。

(1) printf("500+200=%d",500+200);

(2) printf("500+200=700");

(3) printf("500+200=%d,500+200");

(4) print 500+200=700;

4. 下面是关于 C 程序注释的叙述,指出其中正确的。

(1) /* …… */可以注释多行,也可以注释一行

(2) 从//开始的程序都是注释内容

(3) /*   */与//的功能没有区别

(4) //是行注释,从//开始至行尾为注释内容

5. 设有程序"1.cpp",编译后运行该程序,执行的是(   )文件。

(1) 1.cpp

(2) 1.obj

(3) 1.exe

(4) 1.c

二、单选题

1. 下面的叙述正确的是(   )。

 A. 一个 C 的源程序可以由一个或多个函数组成

 B. 一个 C 的源程序必须包含 1 个以上的 main 函数

 C. 在 C 的源程序中,main 函数不是必需的

 D. printf 函数是程序执行的起始位置

2. C 程序是从(   )开始执行的。

 A. 主函数

 B. return 语句

 C. 文件开始的注释部分

 D. 放在最前面的函数

3. 下面程序的运行结果是(   )。

```
/*
程序功能:打印输出 hello world
#include <stdio.h>
int main()
{
    printf("Hello, world\n");
    return 0;
}
```

 A. 程序出错,不能运行

 B. Hello, world

 C. 程序功能:打印输出 hello world

 D. "Hello, world\n"

4. 以下正确的 printf 语句是（　　）。
   A. printf ("This is a C program. \n");
   B. printf ("This is a C program. ")
   C. printf ("This is a C program.);
   D. printf　"This is a C program. ";

三、编程题

1. 编写一个程序，该程序编译、连接和运行后，在屏幕上显示下列信息：
   We study the C Programming language.
   We all like it.
2. 编写一个程序，在屏幕上显示你的姓名、学号和出生日期。
3. 编写一个程序，在屏幕上显示下列信息：
   This Program prints a formula：
   72＊88＝6336

要求：
（1）必须按上面样式，分 2 行输出；
（2）6336 不能出现在程序中，必须是程序计算出来的，可用%d 的格式控制符输出。

第 2 章 C 语言基础

CHAPTER 2

程序设计需要编程语言。学习一门编程语言,要掌握其词法、语法、语义和语用。词法是指语言的构词规则,句法是指由词构成句子乃至程序的规则。语义是指语言各个成分的含义。语用是指语言成分的使用场合及所产生的实际效果。因此,就像学英语一样,学习 C 语言首先需要掌握一定的词汇,然后学习语法以便连词成句,进一步知道其含义,并能实际应用。

本章介绍 C 语言的词法、数据类型、常量、变量、运算符和表达式等基本概念,为后续各章的学习打下基础。

2.1 C 语言词法

单词是语言中的基本语法单元,每个单词由一个或多个基本符号组成。C 语言中的单词也是由基本符号组成,单词包括关键字、标识符、运算符、分隔符和字面常量等。

2.1.1 基本字符集

语言所能使用的字母、数字和特殊符号的集合称为基本字符集。作为高级程序设计语言,C 语言有一个严格的基本字符集和一套严密的语法规则。C 语言中的单词是字符集中的字符根据词法规则构成的,不能使用基本字符集以外的字符。

C 语言的基本字符集包括以下符号:

(1) 大、小写英文字母:A、B、C、…、X、Y、Z、a、b、c、…、x、y、z;

(2) 数字符号:0、1、2、…、9;

(3) 特殊符号:+、-、*、/、%、>、<、=、,、!、.、:、?、;、^、~、'、"、(、)、[、]、{、}、$、|、#、\、&、_、空格字符、换行符等。

在 C 语言中字母的大小写是有区别的,如 A 与 a 视为不同字符。

单词是由基本字符集中的字符按照一定规则构成的最小语法单位。C 语言的单词可分为关键字、特定字、标识符、运算符、分隔符和字面常量 6 类。

2.1.2 关键字

关键字,也称保留字,是 C 语言中具有特定作用和含义的单词,不能另作其他用途,关键字在 VC 编辑器中以蓝色字体显示。C 语言的关键字如下,最后 5 个是 C99 新增的:

int	float	double	char	short	long	signed	unsigned
typedef	struct	union	enum	void	const	auto	static
register	extern	if	else	switch	case	default	while
for	do	break	continue	goto	return	sizeof	volatile
inline	restrict	_Bool	_Complex	_Imaginary			

关键字和 C 语法结合,形成了程序设计语言的语法规则,关键字的含义和用法将在以后相关章节中陆续介绍。C 语言的关键字全由小写字母组成(C99 新增的_Bool、_Complex、_Imaginary 除外)。例如,"else"是关键字,"ELSE"或"Else"则不是。在 C 程序中,关键字不能用于其他目的,例如,不允许将关键字作为变量名或函数名使用。

2.1.3 特定字

特定字以固定的形式用于专门的位置,如预处理命令(第 7 章),由编译系统规定有特定含义。尽管它们不是关键字,但习惯上把它们和关键字等同看待,特定字在 VC 编辑器中也以蓝色字体显示。这些特定字如下:

define　undef　include　ifdef　ifndef　endif

2.1.4 标识符

标识符是以字母或下画线"_"开头,由字母、数字和下画线组成的字符序列,用于表示变量名、常量名、函数名、类型名等。例如,Name、person_age、_num2 等是合法的标识符。以下不是合法的标识符:

3G　　　(以数字开头)
a/b　　　(出现了字符"/")
$86.2a　(出现了字符"$"和".")
Good bye(中间出现了空格)

在 C 程序中,使用标识符前要对该标识符进行定义(或声明),指出该标识符标识何种语法成分。定义和使用标识符时应注意以下 6 点:

(1) C 语言区分大小写字母。例如,total、Total 和 TOTAL 是三个不同的标识符。

(2) 不能用关键字和特定字命名标识符。例如,float、include 等不能作为标识符使用。

(3) 标识符只能包含字母、数字或下画线,不允许有空格和其他特殊字符,如汉字等。

(4) C 语言本身没有限定标识符的长度,但编译系统中所能识别的标识符长度是有限的,一般不要超过 63 个字符,仅支持 C89 的编译器只能记住前 31 个字符。

(5) 标识符应当简洁且"见名知意",以提高程序的可读性。例如,用 max 表示最大值,ave 表示平均值,year 表示年份等。

(6) 标识符使用一般约定成俗,例如,变量名、函数名用小写字母,常量名用大写字母等。遵守这些约定可增加程序可读性。

2.1.5 运算符

运算符也称操作符,表明对数据如何操作。运算符是 C 语言中一类重要的单词,用单字符、双字符或关键字表示,包括以下形式:

+、−、*、/、%、>、>=、<、<=、==、!=、!、&&、||、&、^、|、~、++、−−、=、+=、−=、*=、/=、%=、<<=、>>=、&=、^=、|=、? :、.、( )、[ ]、{ }、−>、<<、>>、sizeof

C语言的运算符相当丰富。事实上，在C语言中除了控制语句和输入输出函数以外，几乎所有的操作都由运算符表示。按照运算符功能的不同，可以分为以下几类：

(1) 算术运算符：+、−、*、/、%。
(2) 关系运算符：>、<、>=、<=、==、!=。
(3) 逻辑运算符：!、&&、||。
(4) 位运算符：<<、>>、~、|、^、&。
(5) 赋值运算符：=、+=、−=、*=、/=、%=、&=、|=、^=、<<=、>>=。
(6) 自增和自减运算符：++、−−。
(7) 条件运算符：? :。
(8) 强制类型转换运算符：(数据类型名)。
(9) 逗号运算符：,。
(10) 指针和地址运算符：*、&。
(11) 求字节数运算符：sizeof。
(12) 分量运算符：.、−>。
(13) 下标运算符：[ ]。

有关运算符的功能和用法将在本章2.4节具体介绍。

2.1.6 分隔符

分隔符用来界定或分割语句中的语法成分。C语言中的分隔符有逗号","、分号";"、单引号"'"、双引号""""、花括号"{"和"}"、注释"//"、"/*"和"*/"及空格等。

程序中的分隔符本身没有具体含义，却必不可少，如分号";"表示一条语句的结束，双引号表示一个字符串的开始和结束等。

空格在两个相邻的关键字或标识符之间起分隔作用。在程序中，连续多个空格与一个空格的作用是相同。例如，"int   a"由两个单词组成，单词"int"和"a"之间必须有一个或多个空格字符。而运算符也具有分隔符的作用。例如，"a=3"由三个单词组成，"="是运算符，因此三个单词之间可以用空格字符分隔，也可以不用空格字符分隔。

编程时，由单词组成语句，一系列语句组成函数体，由若干个函数构成C程序。

2.2 C语言的数据类型

本质上，编程解决各种实际问题就是对数据的处理，程序通常由数据输入、数据处理和数据输出三部分组成，因此，数据是程序处理的对象和结果。为了对数据进行正确的处理，必须对数据的特性进行描述。数据的特性包括数据的结构和可施于数据的操作（运算）。

2.2.1 数据类型概述

程序设计语言通过提供数据类型机制来描述程序中的数据。C程序中的数据被分为不同的类型,分别以不同的方式进行存储。每一种数据类型可以看成由两个集合构成:值集和运算(操作)集。值集描述了该数据类型包含哪些值(包括这些值的结构);运算集描述了对值集中的值能实施哪些运算。例如,整型的值集是由一定范围的整数构成的集合,它的运算集包括加、减、乘、除、求余等。

在 C 语言中,各种数据类型都有特定的存储方式,同一类型的数据占用相同大小的存储空间。

C 语言支持的数据类型有整型、浮点型、字符型、数组、结构体类型、共用体类型、枚举类型、指针类型、空类型等。这些数据类型可分为两大类:基本数据类型和构造数据类型。

基本数据类型是 C 语言系统预先定义的数据类型,用户可直接使用,如整型(int)、浮点型(float、double)和字符型(char)等。构造数据类型(也称用户自定义型)是在基本数据类型的基础上,由用户利用 C 语言提供的数据类型构造机制构造出来的数据类型。即由用户根据问题的数据特征,自行定义的数据类型,如数组、结构体(struct)、共用体(union)等为构造数据类型。不同类型的数据在数据表示形式、合法的取值范围、占用内存的空间大小及可参与的运算种类等方面都有所不同。

C 语言所提供的数据类型如图 2.2.1 所示,本节主要介绍基本数据类型,其他数据类型将在以后的章节中逐个介绍。

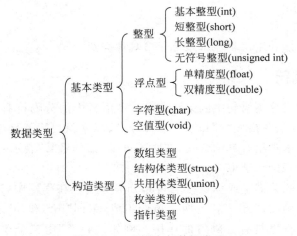

图 2.2.1　C 语言的数据类型

2.2.2　基本数据类型

C 语言的基本数据类型有整型、实型、字符型以及空值型。为方便起见,下面介绍各种基本数据类型时只给出它们的值集范围描述,而对它们的运算集只作简单说明,运算集将在 2.4 节中详细介绍。

1. 整型

整型用于描述整数,用关键字 int 定义。整型的值集理论上是所有整数,受到计算机存储单元的限制,C 语言的整型只能表示所有整数的一个有限子集,且不同的 C 语言系统可表示整数的范围可能不同。在程序中如果使用了超出表示范围的整数称为溢出。

根据所表示的范围不同,整型又可以分为基本整型、短整型或长整型。通常情况下,大部分32位机上各类整型数据的区别如下：

(1) int：基本整型，用4个字节表示，其值集范围为 -2147483648~2147483647。

(2) short int(或 short)：短整型，用2个字节表示，其值集范围为 -32768~32767(即 -2^{15} ~ $2^{15}-1$)。

(3) long int(或 long)：长整型，用4个字节表示，其值集范围为 -2147483648~2147483647(即 -2^{31} ~ $2^{31}-1$)。

C语言没有具体规定以上各类整型数据所占内存字节数，只要求 long 型数据长度不短于 int 型，short 型不长于 int 型。具体如何实现，由各C语言编译系统自行决定。因此，各种类型整数的范围随机器的不同、编译系统的不同而不同。例如，在16位机上 int 型数据通常只占2个字节。

另外，C语言还提供了仅用于表示非负整数的无符号整型：无符号基本整型、无符号短整型、无符号长整型，即

(1) unsigned int 或 unsigned：无符号基本整型，其值集范围为 0~4294967295。

(2) unsigned short int 或 unsigned short：无符号短整型，其值集范围为 0~65535($2^{16}-1$)。

(3) unsigned long int 或 unsigned long：无符号长整型，其值集范围为 0~4294967295($2^{32}-1$)。

各种无符号整型数据所占的内存大小与相应的有符号整型相同。无符号整型与有符号整型的区别在于对于有符号整型的数，在分配给它的内存空间中有一个二进制位(通常是最高位)表示数据的符号(0表示正，1表示负)，如图2.2.2所示。

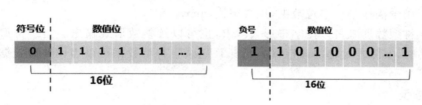

图 2.2.2　short 型正数与负数

而无符号整型的数，在其内存空间中没有表示符号的位，如图2.2.3所示。

图 2.2.3　unsigned short 型正数

对于同样大小的存储空间，无符号整型多了一个数值位，因此，它所能表示正数的范围比有符号整型所表示的正数范围大一倍。

整型数据允许进行算术运算、关系运算等。

由于C语言没有提供逻辑型数据，在程序中以整型值1(或非0)和0分别表示逻辑值"真"和"假"。因此，整型数据也可参与逻辑运算、位运算等。

2. 实型

实型又称浮点型，用于近似地表示数学中的实数，用关键词 float 或 double 表示。C语

言的浮点型也只能表示实数的一个子集。根据所能描述的实数精度的不同,C语言的浮点型分为 float(单精度浮点型)和 double(双精度浮点型)。

对于 double 型,还可以加上修饰符 long 使其成为 long double 型,用于表示精度更高的浮点数。通常,C 编译器为类型 double 提供的存储空间要多于为类型 float 提供的存储空间。一般情况下,float 型数据占 4 个字节;double 占 8 个字节;long double 由 C 语言的具体实现而定,但多数 C 编译器没有设置 long double。

在计算机内部,浮点数采用科学记数法(浮点形式)表示,即把浮点数表示成 $a \times 2^b$,其中 a 称为尾数,b 称为指数。浮点数在内存空间中实际存储的是其尾数和指数两部分,它们均采用二进制表示。值得注意的是,一些十进制小数无法精确地表示成二进制小数,只能近似地表示。例如,十进制小数 0.1 就无法精确地用二进制表示。

各种浮点数的范围和精度大约是

(1) float:单精度浮点型,数值范围约为 $\pm(3.4 \times 10^{-38} \sim 3.4 \times 10^{38})$,有效位数为 6~7 位。

(2) double:双精度浮点型,数值范围约为 $\pm(1.7 \times 10^{-308} \sim 1.7 \times 10^{308})$,有效位数为 15~16 位。

有效位数表示浮点数的精度。有效位数以外的数字存储时可能有些误差,是无意义的数。例如,在 VC 中 float 型有 7 位有效数字,如果 765432.179 用单精度方式保存,则只存了它的前 7 位数 765432.1。

3. 字符型

字符型用于描述单个字符数据,用关键词 char 表示。

一个字符型数据既可以按字符形式输出,也可以按整数形式输出。当字符型数据以整数形式输出时,实际上是输出该字符的 ASCII 码。字符型数据可以当作整型数据进行算术运算。

4. 空值型

空值型又称无值型,用关键字 void 表示,其值集为空集。在 C 程序中 void 可出现在函数定义的头部。当函数的返回值类型说明为 void 时,表明该函数没有返回值。而当 void 出现在函数定义的形参位置时,表示该函数没有参数。此外,它还可用来表示通用指针类型。

2.3 常量与变量

在 C 程序中,数据通常以常量或变量两种形式之一出现。

2.3.1 常量

常量指在 C 程序运行过程中其值不可改变的量。如一年的月份数、一个星期的天数、圆周率等。常量有两种形式,即字面常量与符号常量。

1. 字面常量

字面常量以字面值的形式直接出现在程序中,所以也称为直接常量。例如,16、0、-8 为整型常量,5.6、-3.14 为浮点型常量,'B'、'e' 为字符常量,"How do you do!" 为字符串常量等。

字面常量是 C 程序中的一类特殊单词。

C 语言中的字面常量分为以下 4 类：整型常量、浮点（实数）型常量、字符型常量、字符串常量。阅读程序时很容易从其字面值形式区分它们的类型，编译系统同样可以从字面常量的表示形式确定其数据类型。

1）整型常量

在 C 程序中，整型常量可以用十进制、八进制或十六进制三种形式来书写，编译系统会自动将其转换为二进制形式存储。

（1）十进制整数形式：与数学中整数表示方法一致，如 365、+128、0、-243 等为整型常量的十进制表示。注意，3 万要写成 30000，不能写成 30,000，程序中不能使用逗号分隔数据。

（2）八进制整数形式：以数字 0 开头，由 0~7 数字组成八进制数字串。例如，0365。八进制数通常是无符号数。

（3）十六进制整数形式：由 0x 或 0X 开头，由 0~9 数字和 A~F（或 a~f）字母组成。例如，0x365。

八进制数和十六进制数通常用于简洁地表示长串的二进制数，例如存储单元地址等。

可以在字面整型常量后加上字符后缀 l 或 L，表示该常量是 long int 型（长整型）的常量，如 5983672L 是一个长整型常量。也可在字面整型常量后加上字符后缀 u 或 U，表示该常量是 unsigned int 型（无符号整型）的常量，如 635u 是一个无符号常量。还可以在字面整型常量后同时加上字符后缀 u(U) 和 l(L)，表示无符号长整型常量，如 92678UL 或 92678LU。C 语言将根据字面整型常量的类型为它们分配相应的内存空间。例如，12 和 12L 字面形式只差一个后缀，但在一个字长为 16 的计算机上，前者占据 2 个字节存储空间，而后者占据 4 个字节。

【例 2.3.1】 编写程序，将一个字面常量 21 分别按十进制、八进制、十六进制形式输出，并观察不同数制的字面常量值表示。

解：程序如下：

```
#include <stdio.h>
int main( )
{
    printf("Decimal: %d Octal: %o Hexadecimal: %x\n",21,21,21);
    printf("Decimal: %d\n",83);
    printf("Decimal: %d\n",0123);
    printf("Decimal: %d\n",0x53);
    return 0;
}
```

运行结果如下：

```
Decimal:21 Octal: 25 Hexadecimal: 15
Decimal: 83
Decimal: 83
Decimal: 83
```

2) 实型（浮点型）常量

由于计算机中的实数以浮点形式表示，因此实型常量简称浮点数或实数。在 C 程序中，浮点型常量仅采用十进制形式书写，有两种表示法：小数点表示法和指数（科学）表示法。

（1）小数点表示法：与数学中实数表示一致，由整数部分、小数点"."和小数部分构成，可以出现正负号，如 128.36、−0.27182 为合法的浮点数。当小数点前、后的数为 0 时，可以省略 0，但小数点不能省，如 23. 和 .23 分别表示浮点数 23.0 和 0.23。注意，若程序中将 23.0 写成 23（无小数点），则系统将它作为整型常量处理。

（2）指数（科学）表示法：类似于数学中的科学记数法。在小数点表示法后加上一个指数部分，指数部分由 e（或 E）和一个整型的字面常量构成，其一般形式为

　　a e(或 E) b

表示 $a \times 10^b$，其中，a 可以是整数或小数，称为尾数，b 必须是整数，称为阶码。例如，

　　0.314e+2　　（表示 0.314×10^2）
　　−6.8E−4　　（表示 -6.8×10^{-4}）
　　.3e−2　　　（表示 0.3×10^{-2}）
　　6.E−4　　　（表示 6.0×10^{-4}）

使用指数形式时要注意字母 e（或 E）前面不能没有数字，且 e（或 E）后面的数字必须为整数，且不能加小括号，如 e5、4e3.1、2E(−6) 等都不是合法的指数形式。

C 编译系统将浮点型常量默认为双精度型，可以在常量后加上后缀 f，表示该常量是单精度型。如果要输出单精度型浮点数，应使用格式控制字符%f，默认情况下输出 6 位小数。

　　例如，printf("%f",0.314e+2f);　　　输出结果：31.400000

double 型浮点数输出时，可以采用%f 或%lf 的格式控制符，输出结果相同。

　　例如，printf("%lf",0.314e+2);　　　输出结果：31.400000

3) 字符型常量

C 语言中的字符型常量是用英文单引号(')括起来的单个字符，如'a''L''6''$'' '等。

字符型常量占据一个字节的存储空间，实际存放的并不是字符本身，而是该字符的 ASCII 编码（见附录 A　ASCII 编码字符集）。例如，字符'a'在内存中存放的值为 97，字符'A'的值为 65。由于字符常量实质上存放的是整数，因此，可以按其 ASCII 码值和其他整数一样参与数值运算。

单引号是区分字符与非字符的重要标志。例如'1'与 1，'1'是字符型，在计算机内存储的是它对应的 ASCII 编码 00110001（十进制 49）；1 是整型，在计算机内存的是 1 的二进制码 00000001。

ASCII 码值小于 32 的特殊字符，如响铃、换行、回车、制表符等，无法直接用字符常量表示，在 C 语言中用以字符\开头的"转义字符"表示，这里的反斜杠\表示后面的字符转变为另外的含义。例如，'\n'表示换行，'\\'表示反斜杠等。常用的转义字符及其含义如表 2.3.1 所示。

表 2.3.1　常用转义字符

转义字符形式	转义字符功能	十进制 ASCII 码值
'\n'	换行	10
'\t'	横向跳格（水平制表符）	9
'\v'	竖向跳格	11
'\a'	响铃字符（终端的嘟嘟声）	7
'\b'	退格	8
'\r'	回车（不换行，光标移到本行行首）	13
'\f'	走纸换页（开始一个新的页面）	12
'\\'	反斜杠字符\本身	92
'\0'	空字符	0
'\''	单引号字符'	39
'\"'	双引号字符"（仅在字符串中才需要反斜杠）	34
'\ddd'	ASCII 编码为八进制数 ddd 的字符，如\100 代表@	64
'\xhh'	ASCII 编码为十六进制数 hh 的字符，如\x40 代表@	64

一般情况下，可显示字符用字符本身来书写，而不可显示字符（如控制字符）和专用字符用转义序列表示。

转义字符中'\n'、'\t'常用于控制数据的输出位置。例如，

printf("China\tBeijing\n");
printf("Japan\tTokyo\n");

输出结果如下：

China   Beijing
Japan   Tokyo

说明：

printf 函数输出\t 的时候，相当于按了 Tab 键，会将光标移至下一个水平制表符的位置，使得后面的输出从这个制表符开始。每行各水平制表符的位置是对齐的，通常相隔 8 个字符的宽度。

本例中，输出 China 后，\t 使光标跳至下一个制表符（第 9 列），输出 Beijing；同理，下一行的 Tokyo 也在第 9 列输出。因此，'\t'常用于使各行输出的数据左对齐。

【例 2.3.2】 观察下面程序的运行结果。

```
#include <stdio.h>
int main()
{   printf("%c---%d,%c---%d\n",'a','a','A','A');
    printf("%d---%c,%d---%c\n",'a'-32,'a'-32,'A'+32,'A'+32);
    printf("Please enter \"Yes\"or \"No\":\n" );
    return 0;
}
```

运行结果如下：

a---97,A---65

```
65 --- A,97 --- a
Please enter "Yes" or "No":
```

说明：

（1）格式说明%c用于输出一个字符型数据，字符常量用单引号括起来，但输出时不输出单引号。字符也可以按整型形式输出，采用%d的格式说明符，输出的是该字符的ASCII码值。

（2）C语言允许字符数据与整数直接进行算术运算，如表达式'a'－32的值是字符'a'的ASCII码值97和32之差65，而'A'＋32的值是字符'A'的值65加32之和97。

（3）小写字母与其相应的大写字母的ASCII码值之差是32，该特点常被用于编写字母大小写转换的程序。

4）字符串常量

字符串常量是由一对英文双引号(")括起来的字符序列。该字符序列可以是单个字符，也可以是多个字符，还可以没有字符。没有字符的字符串称为空串。字符串常量又简称为字符串。字符串常量中可以包含字母、空格、标点符号、转义字符和其他字符等。例如，以下都是合法的字符串常量：

```
"how do you do! "
"a"
"123.45"
"China\tBeijing\n"
"\x3b\103\\\""       表示由 4 四个转义字符\x3b、\103、\\和\"组成的字符串
""                   表示空串
```

应注意的是当双引号本身作为字符串中的字符时，应写成：\"。例如，

```
"Please enter \"Yes\" or \"No\": "
```

表示的字符串是

```
Please enter "Yes" or "No":
```

不要将字符常量与字符串常量混淆。'a'是字符常量，"a"是字符串常量，二者在内存中的存储方式不同。字符常量在内存中固定占用一个字节；而字符串因为长度不固定，系统会在字符串末尾加一个字符'\0'，作为字符串的结束标志。因而字符串"a"占用两个字节（见图2.3.1）。

图 2.3.1　字符'a'与字符串"a"、"string"在内存中的存储

可见，字符串常量实际占用的内存字节数比字符串长度多1个字节。在书写字符串时，不必加'\0'，由系统自动加上。

2. 符号常量（有名常量）

为了便于阅读程序、理解常量的含义，可以在程序中定义符号常量，也就是用标识符为常量命名。

符号常量在使用之前必须先定义，C 语言可以使用以下两种形式定义符号常量：

1) 用关键字 const 定义

定义格式为

const 类型名　常量名 = 值;

其中，const 为常量定义关键字，类型名用来说明符号常量的类型，常量名为标识符。例如，以符号常量形式定义圆周率：

const float PI = 3.141592;

该语句定义了浮点型符号常量 PI，它的值在程序执行过程中不能被改变。如果在程序中试图改变 PI 的值，编译系统会提示错误。

2) 用编译预处理命令 #define 定义

定义格式为

#define　常量名　值常量

例如：

#define　SCORE　60

该命令定义符号常量 SCORE 代表常量 60。与 const 不同的是，该命令是一条编译预处理命令，不允许带数据类型。符号常量名习惯用大写字母，以示与变量名区别。

【例 2.3.3】 编写程序，计算并输出半径为 10 的球体的表面积和体积。

```
#include<stdio.h>
#define R 10
#define PI 3.14159                //定义符号常量 PI
int main( )
{
    printf("表面积 = %f \n",4*PI*R*R);
    printf("体积 = %f \n",4*PI*R*R *R/3);
    return 0;
}
```

运行结果如下：

表面积 = 1256.636000
体积 = 4188.786667

使用符号常量的好处有以下 3 点：

(1) 含义清楚，增强程序的可读性。在上面的程序中，从 PI 的名称就知道它代表圆周率，体现了"见名知意"。程序中不提倡使用过多的字面常数，因为字面常量的含义往往不容易搞清，如 sum = 12 * 60 * 11.67 * 56,这里的 12 是表示 12 月呢，还是 12 天？如果给常量分别取一个有意义的名字，如 MONTH、DAY 等，在程序中使用相应符号常量名称，便于理解程序。

(2) 便于修改，能做到"一改全改"。以修改圆周率的精度为例，如果程序中用直接常量表示圆周率，需要逐一修改，若用符号常量 PI 代表圆周率，只需改动定义之处即可。例如：

```
#define PI 3.14
```

程序中所有以 PI 表示的圆周率将全部自动改为 3.14。半径也是如此,通过修改 R 的定义,可以求不同半径的表面积与体积。

(3) 便于保持常量的一致性。若程序中多处使用同一常量,容易因疏忽导致其值的不一致。例如用字面常量表示圆周率,可能有的地方写 3.14,有的地方写 3.1415926,从而造成不一致。采用符号常量就可避免这个问题。

2.3.2 变量

变量是指在程序运行过程中值可以被改变的量。程序用变量来存储数据。学习如何用各种类型变量存储数据是掌握 C 语言的重要基础。

变量可以用以下 4 种属性来刻画:名字、类型、值和地址。

1. 变量名

在 C 语言中,每个变量都有一个名字,称为变量名。变量名是标识符。程序中通常使用变量名对变量进行引用。

2. 变量的类型

每个变量都存储特定类型的值,因此每个变量都应当有确定的类型。变量的类型决定了该变量可以取值的范围、能进行的运算以及所需内存空间的大小。C 编译器根据变量的类型为其分配一定大小的内存空间,并检查与类型有关的运算是否正确。例如,在 32 位的计算机上,编译程序会为 int 型变量分配 4 个字节的内存空间。

3. 变量的值

变量的值指变量所表示的数据,是与该变量相关的存储单元的内容。在程序运行中,变量的值是可以改变的,通常用赋值运算实现。一旦对变量进行赋值,则变量将保存该值,直到该变量被重新赋值为止。若将一个变量的值赋予另一个变量,该变量的值不会消失。在程序运行中的某一时刻,每个变量只能存放一个值。

4. 变量的地址

编译或运行时,为程序中的变量分配一定大小的内存空间,这就是变量地址的概念。变量地址指分配给该变量的内存空间的首个字节地址。变量名实际上是内存空间的一个抽象。在 C 语言程序设计中,通常通过变量名访问内存,当然也可以通过变量地址访问内存,这部分内容将在第 10 章学习。

5. 变量的定义

C 语言规定,程序中所有的变量在使用之前必须定义,明确指定变量的类型和名字。定义变量的语法格式如下:

数据类型　变量名1,变量名2,…,变量名n;

例如:

```
int i, j, k;            //定义了三个整型变量 i,j 和 k
char c1,c2;             //定义了两个字符型变量 c1 和 c2
double w;               //定义了一个双精度浮点型变量
```

6. 变量的初始化

可以在定义变量的同时指定其初值,称为变量的初始化,其语法格式如下:

数据类型　变量名1 = 初值1,变量名2 = 初值2,…,变量名n = 初值n;

例如:

```
int a = 6,b = 8;              //定义 a、b 为整型变量,a、b 的初值分别为 6 和 8
int x = 1,y = x - 1;          //定义了 2 个整型变量 x 和 y,并分别赋初值 1 和 0
float z = 1.0;                //定义了一个单精度浮点型变量 z,并赋初值 1.0
char c = 'A';                 //定义了一个字符型变量 c,并赋初值 'A'
```

在一个变量定义语句中,可以只给部分变量赋初值。例如:

```
int a,b,c = 5;                //定义 a、b、c 为整型变量,但只对 c 初始化,c 的初值为 5
```

如果对几个变量赋予相同的初值 3,应写成

```
int a = 3,b = 3,c = 3;
```

表示 a、b、c 的初值都是 3。定义变量时不允许连续赋值,写成 int a=b=c=3;是不合法的。

图 2.3.2 表示了一个变量的定义、多次赋值以及输出的全过程。

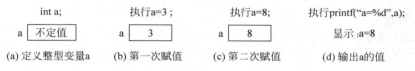

(a) 定义整型变量a　　(b) 第一次赋值　　(c) 第二次赋值　　(d) 输出a的值

图 2.3.2　变量的定义、赋值和输出

这一例子表明,每个变量某一时刻只能存储一个值。当给一个变量赋予新的值时,原来的值将丢失。

2.3.3　常量与变量应用举例

【例 2.3.4】 整型数据的溢出。

```
#include <stdio.h>
int main( )
{
    short int a,b;              //定义短整型变量 a 和 b
    long int c;                 //定义长整型变量 c

    a = 32767;
    b = a + 10;
    c = a + 10;
    printf("a = %d,b = %d,c = %ld\n",a,b,c);

    return 0;
}
```

运行结果如下:

a = 32767,b = -32759,c = 32777

说明：

(1) 定义短整型和长整型变量分别要用关键字 short int 和 long int（或 short 和 long）。

(2) 输出数值时，要根据数据的类型选择与之匹配的格式说明符，否则得不到正确的输出结果。%d、%ld 为输出格式说明符，分别用于输出短整型和长整型数据。

(3) 变量的类型决定了变量的取值范围。由于 32767 是短整型数的最大取值，32767+10 的值产生溢出现象，因此得不到预期的值 32777，而是 −32759。而变量 c 的类型为长整型，其值就可以得到预期的结果 32777。

从这个例子可以看出，C 语言并没有对数据溢出给出"出错信息"。

【例 2.3.5】 浮点型数据的有效位数。将一个有效数字超过 7 位的实数赋给浮点型变量，然后输出该浮点型变量。

```
#include<stdio.h>
int main()
{
    float a = 12.3, b;
    double c,d;
    b = 123456789.12; c = 123456789.12;
    printf("a = %f,b = %f,c = %lf\n",a,b,c);

    d = b + 10;
    printf("d = %lf\n",d);
    return 0;
}
```

运行结果如下：

a = 12.300000,b = 123456792.000000,c = 123456789.120000
d = 123456800.000000

说明：

(1) a 和 b 是 float 类型变量，占 4 个字节存储空间，绝对值取值范围约是 $10^{-38} \sim 10^{38}$，有 6~7 位有效数字；而 c,d 是 double 类型变量，占 8 个字节存储空间，取值范围更广，有 15~16 位有效数字。它们分别使用格式字符 %f 和 %lf 输出，默认情况下取 6 位小数。

由运行结果可以看出，变量 a 的值 12.3 后补足了 5 个 0；123456789.12 共 11 位数字，超出 float 型的有效位数，因此，b 值从第 8 位起是无意义的数；而变量 c 是 double 型，精度更高，所有 11 位都能精确保存。

(2) 存储误差会导致计算结果的误差。本例中，由于 b 值只有前 7 位是有效的，导致运算后 d 的值出现误差。如果将 b 定义为 double 型，则不会出现本例中的误差。

为了避免产生数据溢出、减少计算误差，处理数据时必须根据事先估计的数据范围，选择合适的数据类型。

【例 2.3.6】 交换变量 x 和 y 的值。

分析： 两个人交换座位，只要两人同时起立，各自去坐对方的位置即可，这种交换是直接交换。而要想将一杯水和一杯可乐互换，不能直接从一个杯子倒入另一个杯子，必须借助一个空杯子，先把水倒入空杯，再将可乐倒入已空的水杯，最后把水倒入已空的可乐杯，才能实现水和可乐的交换,这是间接交换。计算机的内存类似于杯子这样的"容器",故程序设计中交换两个变量的值必须借助于第三个变量,进行间接交换,如图 2.3.3 所示。

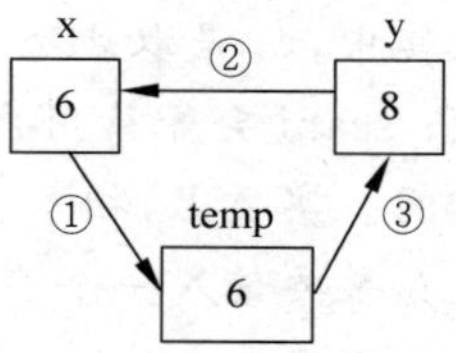

程序代码如下:

```
#include <stdio.h>
int main( )
{
    int x = 6, y = 8, temp;
    printf("Before: x = %d, y = %d\n",x,y);
    temp = x;                    //将 x 的初值赋予变量 temp
    x = y;                       //仅改变变量 x 的值,y 的值不变
    y = temp;                    //变量 y 被赋予新的值,原值被覆盖
    printf("After: x = %d, y = %d\n", x,y);
}
```

图 2.3.3 交换两个变量的值

运行结果如下:

Before: x = 6,y = 8
After: x = 8,y = 6

此例说明了以下两点:

(1) 每个变量在某一时刻只能存放一个值。一旦对变量进行赋值,变量将保存该值,直至被重新赋值;

(2) 若将一个变量 y 的值赋予变量 x,则 x 和 y 二者有相同的值,且 y 变量的值不会消失。

【例 2.3.7】 输入半径,计算并输出球体的表面积和体积。

分析:例题 2.3.3 计算并输出半径为 10 的球体的表面积和体积,并不十分有用,因为半径是固定的。如果允许用户输入半径,程序将更灵活。此时需要用到标准输入函数 scanf,代码如下:

```
#include <stdio.h>
#define PI 3.14159
int main( )
{
    int r;
    printf("请输入半径:");
    scanf("%d",&r);              //等待用户输入,并将输入的数赋给 r
    printf("表面积 = %f \n",4*PI*r*r);
    printf("体积 = %f \n",4*PI*r*r*r/3);

    return 0;
}
```

说明:

scanf 函数的格式(见 3.3.2 节)与 printf 函数(见 3.3.1 节)相似,但也有不同之处。为了读入整型数据,可以按如下格式调用 scanf 函数:

```
scanf("%d",&r);
```

其中，&是取地址运算符，将其放在变量名前，可取出变量的地址；%d表示读入一个整数；scanf会等待用户输入一个数，然后按整数方式读入，并将其放至&r地址对应的存储空间。实质上，相当于将用户输入的整数赋值给变量r。

如果要读入一个float型的数，则需要用%f格式控制符。例如，假设半径是实型，程序应作如下更改：

```
float r;
scanf("%f",&r);
```

如果要读入一个字符，则只能用%c格式控制符。例如，

```
char x; scanf("%c",&x);
```

如果键盘输入a，则x的值是字符'a'；如果输入1，则x的值是字符'1'，而不是数值1。

2.4 表达式

运算符和表达式是C语言的核心语法之一。运算符是表示实现某种运算的符号，而表达式是利用运算符实现各种运算的基本手段。C语言运算符种类丰富，覆盖了除控制语句和输入输出之外的几乎所有基本操作，使用方式灵活，熟练掌握C语言的运算符和表达式是编写程序的基本要求。

2.4.1 表达式概述

1. 表达式

C语言的表达式由运算符和相应的操作数以及用于描述运算先后次序的括号构成，其中操作数是一个值，可以是常量、变量或函数调用。

一般说来，表达式应包含一个或多个运算符。作为特例，表达式也可以不含运算符，即一个常量、变量或函数调用也可以称为表达式。例如，若a、b为变量，5、a、-b、-b*5/(1+2*a)都是表达式。

根据表达式中使用的运算符不同，可将表达式分为算术表达式、赋值表达式、关系表达式、逻辑表达式、条件表达式和逗号表达式等。

2. 表达式的值

任何表达式在运算后都会获得一个确定的结果，这个结果具有确定的类型和值。可以用printf函数输出表达式的值。例如，

```
int b=6;
printf("%d,%d,%d",5,b,-b*5/(1+2));
```

将输出3个表达式的值5,6,-10。后续的小节将详细介绍各种表达式，要注意理解各类赋值表达式的值，它与数学中的概念有所不同。

3. 表达式的优先级与结合性

计算表达式的值时，要注意表达式中各个运算符的优先级和结合性以及数据类型转换

约定等,否则很容易得到错误的结果。

运算符的优先级规定了运算符执行的先后顺序。当表达式中有一个以上的运算符时,表达式将按优先级从高到低的顺序执行。

当一个表达式中有多个运算符具有相同的优先级时,运算符的结合性决定表达式的执行方向。如果运算符是从左往右运算的,则称该运算符是左结合的(如乘*、除/),否则,称为右结合(如正+、负-)。

C语言运算符的优先级和结合性可参见附录B,表格中按运算符的优先级和结合性对运算符进行分类。

根据运算符所需操作数的个数,还可将运算符分为单目运算符(一个操作数,如-5)、双目运算符(两个操作数,如1+2)和三目运算符。而按照功能的不同,运算符又可分为算术运算符、关系运算符、逻辑运算符、赋值运算符、位运算符以及其他运算符。本章主要学习由算术运算符、赋值运算符组成的表达式。

2.4.2 算术表达式

C语言的算术表达式实现通常意义上的数值运算,与数学中算术运算类似。其运算对象为数值类型,即整型(包括字符型)和浮点型。

1. 基本算术运算

(1) 单目算术运算符:-(取负)和+(取正);

(2) 双目算术运算符:+(加),-(减),*(乘),/(除),%(求余)。

C语言规定,任意两个整数相除的结果为整数;如果两个操作数中至少有一个是实型,则除法运算的结果为双精度实型。例如,表达式5/2运算的结果为整数2,而不是2.5。如果想得到5除以2在数学计算中的准确值,两个操作数中至少有一个应为浮点数,可以写作表达式5.0/2、5/2.0或5.0/2.0,它们的结果均为2.5。

求余运算符%两侧的数据必须均为整型数据,其运算结果是两个操作数相除的余数。例如,表达式7%3的值为1,计算出7除以3的余数。

当除法运算符/和求余运算符%的操作数有一个为负数或者两个都是负数时,使用时要谨慎,大多数C编译系统(支持C99标准的)除法采取"向零取整"的方法,即-7/2的值为-3,向零靠拢取整;i%j的值与i符号相同,即-7%2的值是-1。但是按C89标准,负数除法可以向上取整,也可以向下取整,因此运算结果因编译器不同而相异。例如,-7/2在有的机器上得到的结果为-3,而在有的机器上却得到结果为-4。编程经验表明,对负整数应避免进行整除和求余运算,因为它不能保证编写的程序在所有机器上都能以相同的方式运行。

2. 基本算术运算符的优先级与结合性

双目运算符*、/、%的优先级为3级,高于双目运算符+、-的4级,低于单目运算符+、-的2级。因此,-2+3*a等价于(-2)+(3*a)。

双目算术运算符的结合性是左结合,即"从左往右"进行运算。单目算术运算符的结合性则是右结合,即"从右往左"进行运算。

3. 数学函数与数学公式

C语言不提供开方与乘方运算符,但可以调用标准库函数中的相应数学函数来完成。

sqrt(x)是平方根函数；fabs(x)求 x 的绝对值；三角函数 sinx 和指数函数 e^x 的标准库函数分别为 sin(x)和 exp(x)；计算 x^y 可用 pow(x,y)函数。

【例 2.4.1】 计算 $\sqrt{4}$, $|-9.6|$, e^1。

```
#include <stdio.h>
#include <math.h>
int main( )
{
    printf("%f,",sqrt(4));
    printf("%f,",fabs(-9.6));
    printf("%f\n",exp(1));
}
```

输出结果如下：

2.000000,9.600000,2.718282

说明：文件 math.h 中保存了常用数学函数的声明。为能调用数学函数库中的函数，必须在程序的开头写#include <math.h>命令，表示将 math.h 文件的内容包含至本程序中。

【例 2.4.2】 将下面给出的数学公式改写成 C 语言表达式。

① $\dfrac{-b+\sqrt{b^2-4ac}}{2a}$； ② $(x+\sin x)e^{4x}$； ③ $\dfrac{\pi r^2}{a+b}$

解：对应的 C 表达式如下：

① (-b+sqrt(b*b-4*a*c))/(2*a)； ② (x+sin(x))*exp(4*x)； ③ 3.14159*r*r/(a+b)

说明：

(1) 在书写 C 表达式时，要注意其书写规则与数学中的代数式的差别。在 C 程序中，乘号 * 不能省略。例如，a 乘以 b 应写成 a*b，不能写成 ab，否则，C 编译器认为 ab 是一个标识符；小括号可以出现多层嵌套，但要配对，数学中的中括号[ ]和大括号{ }在 C 语言中另有作用，不能用于改变运算的优先顺序；C 语言表达式中的所有字符必须从左到右要在同一行上书写，无高低之分，不能像数学分式中的分子与分母可以写在不同的行。

(2) 在 C 语言中，π 不是基本字符，不能出现。因此，表达式中根据所需精度用字面常量 3.14159 或 3.14 表示。

(3) 分数式中的分母(2*a)、(a+b)的小括号不能省略，否则将得到错误的运算结果。

2.4.3 类型转换

操作数的数据类型是可以转换的。类型转换方式包括隐式转换（自动转换）和显式转换（强制转换）。隐式转换由编译器按照预定的规则进行自动转换；显式转换由编程员在程序中用类型转换运算符明确地指定转换规则。

1. 隐式类型转换

隐式类型转换发生在不同数据类型的操作数混合运算时，由编译系统自动完成。一般来说，双目运算符的两个操作数类型必须一致才能进行运算，但 C 语言允许两个操作数的数据类型不同，编译器按约定的规则先对操作数自动地进行类型转换，从而使得两个操作数的类型一致,然后再进行运算。

例如,32+'A'+1.6875-1234*'b'是一个合法表达式,但操作数的类型不一致,分别为整型、字符型、双精度浮点型、整型、字符型。运算时,双目运算符两边不同类型的操作数要先转换成同一类型,然后才进行运算。

隐式类型转换遵循以下规则:

(1) 无条件的隐式类型转换。所有的 char 型和 short 型数据参与运算时,必须先转换成 int 型,再作运算。

(2) 统一类型的隐式类型转换。如果双目运算符两边的操作数类型不一致,则需要将其中类型较低的转换为较高的类型,然后基于同一类型进行运算。隐式类型转换规则如图 2.4.1 所示。

一个 int 型数据与一个 double 型数据进行运算,直接将 int 型数据转成 double 型,然后在两个同类型(double 型)数据间进行运算,结果为 double 型。不要理解为 int 型先转换成 unsigned int 型,再转成 long 型,再转成 double 型。

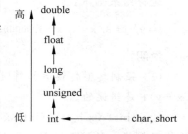

图 2.4.1　隐式类型转换规则

例如,计算算术表达式'A'+'B'-130.2,不同数据类型的转换及运算顺序如下:

(1) 进行'A'+'B'的运算:先将'A'、'B'都转换成 int 型(无条件转换),转换为其对应的 ASCII 码值 65+66,然后对两个整型数据进行加法运算,得到结果为整型数据 131;

(2) 进行 131-130.2 的运算:先将 int 型的 131 转换成 double 型,然后相减,其中 int 到 double 型的转换是统一类型转换,运算结果是 double 型的 0.8。

2. 显式类型转换

如果隐式类型转换规则不符合问题的要求,程序中还可借助强制类型转换方式,即显式强制进行类型转换。

强制类型转换通过类型转换运算符实现,类型转换运算符是单目运算符,由圆括号及括号内的类型名组成,其格式如下:

(类型名)数据

其功能是将表达式的值转换为指定的类型。

例如:

```
(double)t                    将变量 t 的值强制转换成 double 类型
(int)(x+y)                   将表达式 x+y 的值强制转换成 int 型
(int)x%i                     将 x 的值转换为 int 型,再被 i 除取余
```

如果从表示范围大的类型强制转换到表示范围小的类型,可能会丢失精度。例如,假定 float a=2.5,b=2;则表达式(int)a*b 的值为 4,而(int)(a*b)的值为 5。

无论是自动类型转换还是强制类型转换,都不会改变被转换的变量本身的类型和值,转换得到的结果将存储在临时的存储单元中。

【例 2.4.3】 编写一个强制类型转换程序。

解：程序代码如下：

```c
#include <stdio.h>
int main( )
{
    int i,j,k;
    float x=5.8,y=3.7,f=8.56;
    i=(int)(x+y);
    j=(int)x+y;
    k=(int)f%3;
    printf("i=%d,j=%d,k=%d,x=%f\n",i,j,k,x);
}
```

运行结果如下：

i=9, j=8, k=2, x=5.800000

说明：

(1) 强制类型转换运算符(int)的一对圆括号不可少。将 i=(int)(x+y); 写成 i=int(x+y); 是错误的。

(2) (int)(x+y)和(int) x+y 的含义不同，不要随意去掉(x+y)中的括号。(int)x+y 的作用是将 x 的值 5.8 取出并转换成整型 5，再与 y 的值 3.7 相加。要注意，转换后变量 x 本身的值和类型都保持不变。

(3) 求余运算符%要求两个操作数都是整型，因此，f%3 是不合法的表达式，但(int)f %3 是合法的表达式，因为(int)f 的值是整型值 8。

2.4.4 赋值表达式

程序中变量的值是可以改变的，除了通过输入操作改变变量的值外，通常可通过赋值操作改变变量的值。C 语言提供了一系列赋值运算符，包括简单赋值运算符和复合赋值运算符。

1. 简单赋值运算符

运算符"="称为简单赋值运算符，它是一个双目运算符，"="左边的操作数一般是变量，右边的操作数可以是常量、变量、表达式等。其作用是将右边操作数的值赋予左边操作数(变量)。例如，执行 a=4 操作，将常量 4 赋给变量 a。

赋值运算符的优先级较低，仅高于逗号运算符。结合方向是自右至左。

赋值运算符"="不是数学中的等号，并不表示其两侧的内容相等，而是表示把"="右边操作数的值存放到左边变量的存储单元中。例如，x=x+1 在数学中是不成立的，而在 C 语言中是将 x 的值加 1 再赋给变量 x。

但下列写法是错误的：

x+1=x
x%2=0
sin(x)=0.5

赋值运算符左边不可以是常量或表达式，只能使用变量(目前学过的左值)，只有变量才能保存赋给它的值。

2. 复合赋值运算符

x＝x＋1、i＝i－1、j＝j＊2、x＝x＋y、x＝x％10 等，这些表达式的特点是利用变量的原有值进行计算，并将结果重新赋值给该变量。这是循环设计中的常用操作。

为程序中这些常用操作提供简化形式，C 语言在赋值运算符"＝"的前面加上算术运算符，构成复合赋值运算符，即

$$+=、-=、*=、/=、\%=$$

例如：

```
x%＝10         //等价于 x＝x%10
x*＝x-y        //等价于 x＝x*(x-y)
x/＝x+y        //等价于 x＝x/(x+y)
x+＝y          //等价于 x＝x+y
```

复合赋值运算符的右边表达式应当作为一个整体，x＊＝x－y 等价于 x＝x＊(x－y)而不是 x＝x＊x－y。

复合赋值运算符的优先级和结合性与简单赋值运算符相同。复合赋值运算符对初学者可能不习惯，但能使程序更简洁，并且有利于编译处理，能提高编译效率并产生质量较高的目标代码。

3. 赋值表达式的值

赋值表达式的一般形式如下：

变量 = 表达式

赋值表达式既然是表达式，就有确定的值。赋值表达式的值就是被赋值的变量的值。例如，表达式 a＝5，赋值后变量 a 的值是 5，整个表达式 a＝5 的值也是 5。

当赋值表达式嵌入在其他表达式中时，则赋值表达式的值参与运算。例如：

x＝(a＝5)＋(b＝8)

是合法的，它的意义是把 5 赋值给 a，把 8 赋值给 b，再把两个赋值表达式(a＝5)和(b＝8)的值 5 和 8 相加之和赋值给 x，故 x 的值为 13，整个赋值表达式的值也是 13。

以上表达式虽然合法，但过于复杂，不好理解，应避免使用。可将其分开写，改写成 3 个语句

a＝5;b＝8;x＝a＋b;

4. 赋值运算符嵌套

赋值运算符是右结合的。赋值表达式可以出现在"变量＝表达式"的"表达式"中，这就形成了赋值嵌套。

例如，a＝b＝c＝5 的含义是 a＝(b＝(c＝5))，效果是对变量 a,b,c 赋予了相同的值 5。先将 5 赋予 c，再将(c＝5)的值 5 赋予 b，最后将(b＝(c＝5))的值 5 赋予 a。根据赋值运算符的结合性，括号可以省略。

复合赋值运算符同样可以嵌套使用。例如，a＋＝a－＝a＊a 也是一个赋值表达式。

C 语言虽然允许使用嵌套的复合赋值运算符，但会使得表达式很难理解，应避免使用。

5. 赋值运算时的隐式类型转换

当赋值运算符的两个操作数类型不一致时，会进行自动类型转换。转换的规则是将赋值运算符右边表达式的类型转换为左边变量的类型。例如，

```
int i;
i = 3.8;
printf("%d\n",i);
```

结果 i 的值为 3。

i 为整型变量，不能保存小数，3.8 的小数位被舍弃。因此，如果用异于变量类型的数据赋值时，常常会出现意想不到的结果，如果赋值运算符右边操作数的类型"较高"，在赋值时则会进行截断或舍入处理，这可能会丢失信息。程序编译时，编译系统会有警告出现，但并不提示出错，也不影响程序的运行，但结果出现误差。

2.4.5 自增、自减表达式

自增（++）、自减（--）运算符是 C 语言中高效、简洁的两个单目运算符，作用于单个变量。自增运算符（++）的功能是使变量的值自增 1，而自减运算符（--）功能是使变量的值自减 1。这两个单目运算符可以放在操作数（变量）的前面（称为前置），也可放在操作数（变量）的后面（称为后置）。可以有以下几种形式：

```
++i              i 自增 1 后再参与其他运算；
i++              取 i 原来的值参与其他运算，然后 i 的值再增 1；
--i              i 自减 1 后再参与其他运算；
i--              取 i 原来的值参与其他运算，然后 i 的值再减 1。
```

自增（++）、自减（--）运算符的优先级为 2，高于其他双目运算符（如 =、+、- 等）。它们的结合性是从右向左。

例如，执行下面两个语句后变量 i 和 j 的值均为 6，语句如下：

```
int i = 5, j;
j = ++i;                    //i 的值先自增 1，然后再参与赋值运算
```

相当于执行了

```
i = i + 1; j = i;           //j 的值是 i 自增 1 以后的值
```

而执行下面两个语句后变量 i 的值为 6，j 的值为 5，语句如下：

```
int i = 5, j;
j = i++;                    //i 先参与赋值运算，然后其值再自增 1
```

相当于执行了

```
j = i; i = i + 1;           //j 的值是 i 的原值，加 1 以前的值
```

由此可见，如果表达式++i 或 i++参与其他运算，嵌入在其他表达式中，二者含义是不同的。如上例中，++i 或 i++赋值给 j，j 的值是不同。

如果表达式中单独使用++i 和 i++，不再参与其他运算，那么执行后二者的效果相

同,i 的值都增加了 1。例如:

执行 int i=5;++i;后,i 的值为 5;执行 int i=5;i++;后,i 的值也是 5。

自减运算符也有相同的特点,例如:

执行 int i=5;--i;后,i 的值为 4;执行 int i=5;i--;后,i 的值也是 4。

使用自增、自减运算符应注意自增运算符(++)和自减运算符(--)只能作用于变量,不能作用于常量或表达式,如 5++或(a+b)++都是错误的。

使用++和--运算符能给编程带来方便,使程序更简洁,但在理解和使用时容易出错,不提倡在较复杂的表达式中使用该类运算符。

2.4.6 逗号表达式

1. 逗号运算符

在 C 语言中,逗号","既是分隔符,又是运算符。它是所有 C 中优先级别最低的运算符,其结合性是"从左往右"。

2. 逗号表达式

用逗号运算符将表达式连接起来的表达式称为逗号表达式。其一般语法格式如下:

表达式 1,表达式 2,表达式 3,…,表达式 n

逗号表达式的求解过程是:从左往右计算各个表达式的值,即先计算表达式 1,再计算表达式 2,……,最后计算表达式 n。规定最后一个表达式 n 的值作为整个逗号表达式的值。

例如,逗号表达式 16+5,6+8 的值为 14;逗号表达式 a=2*3,a*4 的值为 24。逗号表达式也可以出现在其他表达式中,如 a=(2*3,6+9),此赋值表达式的值为 15。

逗号表达式就是把若干个表达式"串联"起来,语法上构成一个表达式。使用逗号表达式主要是语法需要,例如逗号表达式经常用于循环语句(for 语句)中。

需要指出的是,并不是所有逗号都是逗号运算符。逗号还经常作为分隔符使用,如函数参数表的分隔,变量定义中各变量之间的分隔等,例如:

```
int a, b, c;
printf("%d, %d, %d", a, b, c);
```

这里出现的逗号并不是逗号运算符,而是将变量 a、b、c 进行分隔,作为分隔符使用。

【例 2.4.4】 注意程序中逗号的不同用法,哪些逗号是作为分隔符使用,哪些是作为逗号运算符使用。

```
#include <stdio.h>
main( )
{
    int a, b, x, y;
    a = (x = 8, x%5);
    b = x = 8, x%5;
    printf("%d, %d, %d\n", a, b, (y = 2, y*3));
}
```

运行结果如下：

3, 8, 6

习题

一、问答题

1. 下列哪些是 C 语言中的合法常量？
(1) 10　　(2) 3.1415　(3) 5＋76　(4) 040　(5) 0X1e　(6) 60,000,000
(7) 1.32E＋6　(8) "NBA"

2. 为下面的每个数据，选择 short、int、long、float、double 中能存储它们的最小类型。
(1) 一天的秒数
(2) 每天浏览热门网站的人数（≤1亿）
(3) 期末各科的平均成绩
(4) n 个球的排列组合数（n≤15）

3. 编程求 1/20 的值，下面哪个公式的结果为 0？
(1) 1/20　(2) 1/20.0　(3) 1/20.　(4) 1.0/20

4. 有 int 型变量 a、b，求 a 与 b 的平均值，为得到精确值，可以使用下面哪些公式？
(1) (a＋b)/2
(2) (a＋b)/2.0
(3) (a＋b)/2.
(4) (float)(a＋b)/2

5. 在 C 语言中的＝并不是数学中的等号，指出下面的错误表达式。
(1) a＝3
(2) 3＝a
(3) x＋1＝6
(4) x＝y＝2

6. 下面的 2 个语句都正确吗？请将不正确的改正。
(1) int a＝b＝c＝5;
(2) int a,b＝5;
(3) a＝b＝c＝5;

7. printf("％d",表达式);语句将输出表达式的值。
(1) int i＝1;
　　printf("％d",＋＋i);
　　printf("％d",i);

上面 2 个语句输出的结果相同，都是 2。问：为什么结果相同？

(2) int i＝1;
　　printf("％d",i＋＋);
　　printf("％d",i);

输出结果相同吗？

8. 将下列数学式子改写成合法的 C 语言表达式。

(1) $|(x+y)(z+u)+2c|$　　(2) $\dfrac{\pi r^2}{a+b}$　　(3) $(\ln x+\cos y)\div 3$　　(4) $4x^3+2e^y$

(5) $4\pi R^2$

9. 说出下列 C 语言表达式的值和类型。

(1) $10-15$　　(2) $56/9$　　(3) $8.0*3$　　(4) $'a'+3.5$　　(5) $15\%10$

10. 指出可以使整型变量 i 的值加 1 的语句。

(1) i++;　　(2) ++i;　　(3) i=i+1;　　(4) i+=1;

11. 下面 3 组语句都能完成变量 a,b 的值的交换吗？

(1)

```
t = a;
a = b;
b = t;
```

(2)

```
a = a + b;
b = a - b;
a = a - b;
```

(3)

```
a = b;
b = a;
```

二、单选题

1. 下列合法的字符常量是(　　)。
   A. "c"　　　　　　B. c　　　　　　C. 'char'　　　　　D. '\n'

2. 下列合法的字符串常量是(　　)。
   A. 56　　　　　　B. '56'　　　　　C. "56"　　　　　D. '\t'

3. 下列浮点数的表示中不正确的是(　　)。
   A. 22.3　　　　　B. .719e22　　　C. e23　　　　　D. 12.e2

4. 合法的 C 语言标识符是(　　)。
   A. 2a　　　　　　B. sum　　　　　C. default　　　　D. a*b

5. 不合法的 C 语言标识符是(　　)。
   A. _8_　　　　　　B. j2_KEY　　　C. 4d　　　　　　D. Double

6. 在 C 语言中，要求运算数必须是整型的运算符是(　　)。
   A. %　　　　　　　B. /　　　　　　C. <　　　　　　　D. !

7. 下列定义变量的语句中错误的是(　　)。
   A. Double a1;　　　B. int x1;　　　C. float y1;　　　D. double z1;

8. 下面程序的输出是(　　)。

```
#include <stdio.h>
```

```
int main()
{
    int x = 10, y = 3;
    printf("%d", y = x/y);
    return 0;
}
```

  A. 3   B. 0   C. 1   D. 不确定的值

9. i=1;执行(　　)语句后,变量 i 的值不会发生变化。

  A. i+5;   B. ――i;   C. i=2*i;   D. i=6;

10. 已知字母 A 的 ASCII 码为十进制的 65,下面程序的输出是(　　)。

```
int main()
{
    char ch1,ch2;
    ch1 = 'A' + '5' - '3';
    ch2 = 'A' + '6' - '3';
    printf("%d,%c",ch1,ch2);
}
```

  A. 67,D   B. B,C   C. C,D   D. 不确定的值

11. 有关运算符的正确描述是(　　)。

  A. 单目运算符优先级高于双目运算符

  B. 赋值运算符是左结合的

  C. 所有运算符都是左结合的

  D. 赋值号的运算优先级是最低的

12. 语句 float x=3.0,y=4.0;下列表达式中 y 的值为 9.0 的是(　　)。

  A. y/=x*27/4   B. y+=x+2.0

  C. y-=x+0.8   D. y*=x-3.0

13. 若有下列类型说明语句:

  char w; int x; float y; double z;

则表达式 w*x+z-y 值的正确数据类型为(　　)。

  A. float   B. char   C. int   D. double

14. 下面程序的输出是(　　)。

```
#include<stdio.h>
int main()
{
    int a = 8;
    printf("%d\n",(a++)*2);
    return 0;
}
```

  A. 16   B. 8   C. 9   D. 18

三、编程题

1. 编写程序,输出|-6|+16.3*5.4 的值。

2. 编写程序,输入 a、b 两个整数值,输出两个数中较大值的平方根。

提示:a 和 b 两数的较大者为 $(a+b+|a-b|)/2$。

3. 编写程序,从键盘输入一个实数,输出它的平方和立方。

4. 编写程序,从键盘输入 4 个实数,输出它们的平均值。

5. 编写程序,从键盘输入两个字符分别存放在变量 c1 和 c2 中,要求交换 c1 和 c2 的值并输出。

第 3 章 结构程序设计
CHAPTER 3

程序设计是一个复杂而精细的过程。早期的程序设计是自由的、技巧性很强的个性化活动，编写的程序往往晦涩难懂，不易维护，可靠性差，由程序错误而引起的信息丢失、系统报废事件屡有发生，这种现象导致了 20 世纪 60 年代末爆发的软件危机。从那时开始，人们开始反思程序设计的规律和方法，并着手对软件开发方法和软件生产管理进行研究。模块化和结构化程序设计方法就是在这种背景下产生的。结构化程序设计方法是最早的程序设计方法之一，对于某个求解问题，在进行结构化程序设计时，人们首先从整体的角度考虑问题，将问题分割成若干个逻辑上相互独立的模块，然后分别实现，最后再把这些独立模块组装起来。用结构化程序设计方法得到的程序不仅结构良好、清晰易读，而且易维护、易排错、易于正确性验证，在一定程度上缓解了软件危机，改善了软件开发的状况。更重要的是，它向人们揭示了研究程序设计方法的重要性，并为后来的程序设计方法奠定了基础。

本章主要介绍结构化程序设计方法、程序的三种基本结构、C 语句的概念和输入输出函数的使用方法等，最后介绍顺序结构程序设计的基本方法。

3.1 结构化程序设计方法

用计算机处理问题，编写程序只是其中一个步骤，而算法设计是整个程序设计的核心。如果算法不当，程序编写技艺再高也得不到正确的结果，而不同的算法对程序运行的效率和结果的精度会产生极大的影响，程序的质量主要由算法决定。

面对一个较复杂的求解问题，不要急于编写程序，应遵循问题分析、算法设计、流程描述的顺序做好准备工作，然后再着手编写程序。由于本书所举的示例程序较短，算法也相对简单，因此没有严格按照上述步骤进行。

什么样的算法是好的？判断程序好坏的标准又是什么？

在计算机发展初期，计算机内存小，运算速度慢。程序设计追求代码短小、精练、运算速度快，即效率第一。程序设计采用的手工方式，全凭编程者的个人技巧和爱好，这往往导致程序晦涩难懂，难以检查。随着计算机技术的飞速发展，计算机速度越来越快，内存容量越来越大，对效率的苛求有所缓解。更何况程序的效率主要是由算法确定，编程的技巧并不能对程序的效率产生决定性的影响。另一方面，程序的规模越来越大，软件开发采用的是团队化、规模化的生产方式。随之而来的是出错的可能性大了，出错所带来的后果也越来越严重，甚至是灾难性的。这时，判断程序好坏的标准就从效率第一变成要求程序有良好的可读性，以提高程序设计的质量，便于查错和维护，减少软件设计的成本。即把程序的可靠性与可维护性摆在了首要位置。

为了从根本上保证程序的正确与可靠，1968年，著名计算机科学家 E. W. Dijkstra 指出了程序设计中过去常用的 goto 语句的三大危害，反对滥用 goto 语句，代之以软件生产方式的科学化、规范化、工程化，并由此产生了结构化程序设计方法和"软件工程"概念。

结构化程序设计方法是一套指导软件开发的方法，涵盖了系统分析、系统设计和程序设计三方面的内容。结构化的程序设计采用自顶向下、逐步细化、模块化的方法进行程序设计。它强调程序设计风格和程序结构的规范化，提倡清晰的程序结构。结构化程序设计的基本思路是把一个复杂问题的求解过程分阶段进行，每个阶段处理的问题都控制在人们容易理解和处理的范围内。具体实现步骤如下：

(1) 按自顶向下逐步求精的方法对问题进行分析、设计；
(2) 系统的模块设计；
(3) 结构化编码。

1. 自顶向下分析设计问题

由于人的思维能力有限，人们对问题规模的驾驭能力就受到限制，结构化程序设计方法是解决人脑思维能力的局限性与所处理问题的复杂性之间矛盾的一个有效办法。自顶向下、逐步求精的结构化程序设计方法，可以把大的复杂问题分解成若干个小问题，然后各个击破。

自顶向下、逐步求精就是对一个复杂问题，首先进行上层（整体）的分析与设计，按其组织或功能将问题分解成若干个子问题，如果所有的子问题都得到了解决，整个问题就解决了。而解决子问题无论在规模上还是在复杂性上都大大低于原问题。如果子问题仍然十分复杂，再对它进一步分解，如此一层一层地分解下去，直到处理对象相对简单，容易处理为止。每一次分解都是对上一层进行细化，逐步求精，最终形成一种层次结构（树形结构），能精确地描述问题及问题的处理方式。

例如，想为图书馆开发一个图书馆管理系统，首先按其功能把整个管理分为4个模块，即图书登录、借书、还书和预约。一旦这4个功能都能实现，连接起来就形成了图书馆管理系统。这4个模块还比较复杂，难于直接实现，可以进一步分解每一个模块。图 3.1.1 给出了图书馆管理系统设计的层次结构图。图中的每个方框都是程序设计中的模块，在 C 语言中用函数实现，相互之间的连接线就是函数之间的调用关系。

按照自顶向下方法设计系统，有助于各模块的设计、调试测试以及系统最终按层次集成。

2. 模块化程序设计

通过按自顶向下、逐步求精方法，可把复杂问题分解成许多容易解决的小问题，每个小问题就是系统中的一个模块。每个模块用一个程序模块实现，再把这些小程序模块像搭积木那样合成起来，形成解决整个复杂问题的大程序。因此，程序的模块化就是把程序划分成若干个模块，每个模块完成一个特定的功能。把这些模块综合起来组成一个整体，就可以完成指定问题的全部功能要求。

在设计每一个具体程序模块时，程序模块中包含的语句一般不要超过 50 行，这样既便于程序员的思考与设计，也利于程序的阅读。一个模块应具有良好的独立性，使得程序模块

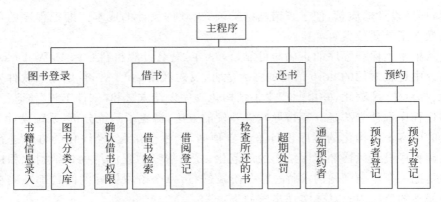

图 3.1.1 图书馆管理系统设计的层次结构

的编写、调试都可以独自完成,尽量减少模块之间的相互影响,以免带来相互间的干扰。在 C 语言中,模块用函数实现,一个模块对应一个函数。如果模块功能较复杂,可以进一步调用低一层的模块函数,以实现结构化的程序设计思想。程序的模块化的另一个好处是有助于软件开发工程的组织管理,一个复杂的大型程序可以由许多程序员分工编写不同的模块,从而加快软件开发的速度,缩短开发周期。

当一个软件经模块化设计后,每一个模块可以独立编程。已证明,任何只含有一个入口和一个出口的程序均可由顺序结构、选择结构或循环结构组成。

顺序结构:根据语句书写的先后顺序依次执行,程序中的每一个语句都执行一次,而且只能执行一次。

选择结构:根据不同的条件,选择执行不同的语句。选择结构以判断为起始点,根据逻辑判断是否成立而决定程序运行的走向,又称分支结构。

循环结构:根据特定的条件,从某处开始有规律地反复执行某一语句序列。

不仅程序本身是单入口单出口的,而且程序的每一局部结构也应是单入口单出口。从结构上讲,进入顺序结构、选择结构和循环结构是单入口的,当执行完该结构离开时,也必定是单出口的。因此,在结构化程序设计时,要尽量采用 3 种基本程序控制结构,尽量少用或不用类似 goto 这样的语句,因为这类语句会破坏程序整体的结构性,使程序结构变得复杂,降低了程序的可读性。

在 C 语言中,函数的重要性是不言而喻的。作为构成模块化结构的最小单位,函数是独立的程序单元。函数一次定义,可以多次调用,实现代码重用。多个函数还可以组织在一起构成所谓的函数库。

3.2 语句的概念

语句是 C 程序的基本功能单元,一个 C 程序应当包含若干语句。和其他高级语言一样,C 语言的语句用于向计算机系统发出操作指令。程序的每一个语句都意味着为完成某一任务而进行处理的动作。通常简单的语句表示一种单一功能的操作,而复合语句、选择语句和循环语句等复杂语句可能代表多个操作组成的一种复杂操作功能。语句的意义称为该语句的语义。

C 程序的结构可以用图 3.2.1 表示,即一个 C 程序可以由若干源程序文件组成,一个源程序文件可以由若干个函数和预处理命令组成,一个函数由数据定义和执行语句序列组成。

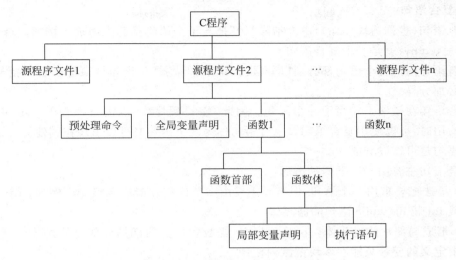

图 3.2.1 C 程序组成结构示意图

C 程序一般都包括数据描述和数据操作,数据描述定义数据类型和初值,数据操作完成对数据的加工处理。

组成 C 程序的语句包括表达式语句、控制语句、复合语句和空语句等。

C 语句以分号";"作为结束标志。一般每个编辑行写一个语句,但在相邻的语句都较短时,也可以在一行中写多个语句;当语句比较长时,可以把一个语句写成多行。

1. 表达式语句

在表达式的末尾加上分号";"就构成了表达式语句,表达式语句实现对数据的处理。C 程序中大多数语句是表达式语句,所以有人把 C 语言称作"表达式语言"。最典型、最常用的表达式语句是赋值语句和函数调用语句等,例如:

```
i = 1, j = 2, k = 3;                 //赋值语句
y = 5 * sqrt(27.0) + 3;
i++;
fun(j, j + k, 6);                    //函数调用语句
printf("This is a C program.\n ");   //函数调用语句
```

2. 控制语句

C 程序是按照函数中语句的书写顺序执行的,对于大多数应用程序来说,只有自上而下的顺序执行显然是不够的,往往需要在多个动作中选择其中之一,或能重复执行一系列步骤。而控制语句可以改变程序的执行顺序,使程序中语句的执行顺序与书写顺序不一致。C 语言提供了以下 9 种控制语句:

(1) 选择语句:if_else 语句(双分支选择语句)、switch 语句(多分支选择语句)。

(2) 循环语句:while 语句、do_while 语句、for 语句。

(3) 转向语句:break 语句(中止执行 switch 或循环语句)、continue 语句(结束本次循环语句)、goto 语句(无条件转向语句)和 return 语句(从函数返回语句)等。

这些语句的语法、含义和运用是学习编程的重点，分别在第 4 章和第 5 章进行详细介绍。

3. 复合语句

复合语句(也称为块语句)，由大括号"{}"把若干个语句括起来组成。例如，{temp＝x; x＝y; y＝temp;}就是一个复合语句。

复合语句内的各个语句都必须以分号";"结束，但在复合语句结束标志右大括号"}"后面则不必加分号。

复合语句在语法上相当于一个语句。因此，在 C 程序中，当需要把若干个语句作为一个语句使用时，可以使用复合语句。复合语句作为一个语句又可以出现在其他复合语句中，即复合语句是可以嵌套的。

复合语句主要用于以下两种情形：

(1) 语法上要求用一个语句，但实际需要由多个语句才能完成操作。例如，if 语句的内嵌语句或 for 语句、while 语句的循环体。

(2) 形成局部化的封装体。在 C 程序中，函数和块语句都是局部化的封装体，例如，在块语句中定义的变量只能在本块范围内使用。

4. 空语句

只有一个分号";"的语句称为空语句。事实上，它也可看成是一个特殊的表达式语句，但不做任何操作。其作用是用于语法上需要一条语句的地方，而该地方又不需做任何操作，例如空语句可以用作循环语句中的循环体：

```
for (i＝1; i＜＝100000; i++);
```

这样的循环语句表示循环体什么也不执行，用于程序中需要"耗时"的地方。

3.3 输入输出函数

程序一般可以由三部分组成：输入初始数据、计算处理和输出结果。数据的输入与输出是程序与用户之间的交互界面。C 语言本身不提供输入输出语句，所有的数据输入输出都是由库函数完成。在使用 C 语言库函数时，要用编译预处理命令♯include < stdio.h >将 stdio.h 包含到源文件中，stdio.h(standard input/output)文件包含了对输入/输出函数的声明。

函数 printf 和 scanf 是使用最频繁的输入/输出函数，下面介绍它们的使用方法。

3.3.1 格式输出函数

printf 函数称为格式输出函数，函数名最末字符 f 即为"格式"(format)之意。其功能是按用户指定的格式，将指定的数据显示到屏幕上。

printf 函数调用的一般形式如下：

printf("格式控制字符串",表达式 1,表达式 2,……,表达式 n);

功能：按格式控制字符串中的格式依次输出表达式 1,表达式 2,……,表达式 n 的值。

说明：

（1）格式控制字符串是用双引号括起来的字符串，用于指定输出格式。格式控制字符串一般由两种成分组成，即普通字符和格式控制字符。格式控制符由%和类型描述符等组成，如%d,%8.2f,%c等，其余的即普通字符。格式控制符的作用是将输出的数据按指定的格式输出，格式控制字符串中的第一个%与输出列表中的表达式1搭配，第二个%与表达式2搭配，依此类推，直到所有%与输出表达式搭配完为止。例如，

```
printf("%d%d\n", 2*3, 5+9);
```

输出结果为614。其中6是2*3的结果，14是5+9的结果，2个结果连在一起。

（2）在输出时，普通字符（包括转义字符）按原样显示在屏幕上，起提示或分隔的作用。例如，

```
printf("%d,%d\n", 2*3, 5+9);
```

输出结果为6,14。普通字符逗号起分隔作用，使结果显示更清楚。

```
int a=3,b=4;
printf("a=%d  b=%d", a, b);
```

双引号内的a=、空格和b=均为普通字符，将按原样显示。输出结果为a=3 b=4。

必须保证格式控制字符串中以%开头的格式控制符个数与输出列表中表达式的个数及类型精确地匹配，否则将会产生不可预测的输出结果。

格式控制符总是由%字符开始，并以一个类型描述符结束，中间是可选的附加说明项。其完整格式如下：

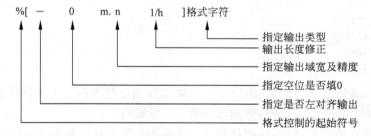

C语言中不同类型的数据采用不同的格式控制字符。常用的格式控制字符如下：

1. 整型格式控制符

用于控制整型数据的输出格式，包括十进制、八进制、十六进制三种格式。

（1）十进制格式：以十进制形式输出整型数据，其格式控制符为

　　%d 或 %md　　用于基本整型
　　%ld 或 %mld　　用于长整型
　　%u 或 %mu　　用于无符号基本整型
　　%lu 或 %mlu　　用于无符号长整型

（2）八进制形式：以八进制形式输出整型数据，其格式控制符为

　　%o 或 %mo　　用于基本整型

%lo 或 % mlo   用于长整型

(3) 十六制形式：以十六进制形式输出整型数据，其格式控制符为

%x 或 %mx   用于基本整型

%lx 或 % mlx   用于长整型

在以上各种整型格式控制符中，m 为整数值，表示输出的整型数据所占总宽度。如果数据的位数小于 m，则左端补以空格，若大于 m，则按实际位数输出。如果在格式控制符中没有给出 m，则输出数据的所有数位。例如，

```
printf("%3d, %4d", a, b);
```

若 int a=12,b=12345，则输出结果为（其中□表示空格，下同）

□12, 12345

【例 3.3.1】 不同格式的整数输出。

```
#include<stdio.h>
int main()
{
    int a = 120;
    long int b = 135790;
    printf("a= %d, b= %ld\n", a, b);      //a、b 按十进制数格式输出
    printf("a= %o, b= %lo\n", a, b);      //a、b 按八进制数格式输出
    printf("a= %x, b= %x\n", a, b);       //a、b 按十六进制数格式输出
    printf("a= %u, b= %u\n", a, b);       //a、b 按无符号数格式输出
    return 0;
}
```

运行结果如下：

a = 120, b = 135790
a = 170, b = 411156
a = 78, b = 2126e
a = 120, b = 135790

本例中多次输出了 a、b 的值，但由于不同格式控制字符串指定了不同的输出格式，输出的结果各不相同。长整型输出时，附加说明符 l 可以省略。

以八进制形式输出整数时，其前导数字 0 不输出；以十六进制形式输出整数时，其前导数字 0x 不输出。

2. 浮点型格式控制符

用于控制浮点型数据的输出格式，包括小数、指数和普通三种形式。

(1) 以小数形式输出浮点型数据，其格式控制符如下：

%f 或 %m.nf 或 %-m.nf

m 表示输出数据所占的总宽度，包括小数点所占的 1 列，n 表示小数部分所占的位数。如果数值的宽度小于 m，则左端补齐空格。如果数据的整数位+n+1 大于 m，则数据的整数部分按实际的位数输出。

%f 用于输出单精度和双精度浮点数，没有给出输出数据的位数，则按系统默认位数输

出,即输出数据的全部整数和 6 位小数。

%-m.nf 与 %m.nf 功能基本相同,差别是当输出数据的实际位数小于 m 时,输出的数值向左端靠,右边补足空格。

double 型双精度数据输出时,还可以使用%lf,但与%f 无区别。

【例 3.3.2】 观察变量 f 的值按不同附加说明项输出时的结果。

```
#include <stdio.h>
int main()
{
    float f = 234.567;
    printf("%f\n", f);
    printf("%10.2f\n", f);            //输出总宽度为 10,有 2 位小数位
    printf("%-10.2f\n", f);           //数据在 10 列中左对齐,空格补在右边
    printf("%.2f\n", f);              //省略 m,整数部分按实际宽度输出
    printf("%10f\n", f);              //省略 n,小数部分按默认 6 位输出
    return 0;
}
```

运行结果如下:

234.567001
□□□□234.57
234.57□□□□
234.57
234.567001

由于单精度浮点数有效位是 6~7 位,234.567001 中的后 2 位是无意义的数。

(2) 以指数形式输出浮点型数据,其格式控制符如下:

%e 或 %m.ne

例如:

printf("%e\t%e", 0.00000123456f,123456000);
printf("%f\t%f", 0.00000123456f,123456000);

则输出结果如下:

1.234560e-006   1.234560e+008
0.000001   123456000.000000

非常大或非常小的数适宜用%e 的格式输出,输出结果比%f 的更简洁,且易看出数据的大小级别。

(3) 以普通形式输出浮点型数据,其格式控制符如下:

%g

%g 格式由系统根据数值的大小自动选用%f 或%e。在事先不能确定输出浮点数的宽度有多大的情形下,用%g 格式来输出是一种好的选择。

例如,若 float f = 123.468;则

```
printf("%f□□%e□□%g", f, f, f);
```

输出结果如下：

123.468000□□1.234680e+002□□123.468

3. 字符型格式控制符

用于说明字符型数据的输出格式。其格式控制符如下：

%c 或 %mc

其中，m 表示输出宽度，即在输出字符的左边将要补 m-1 个空格。例如，

```
char  c = 'A';
printf("%5c",c);
```

则输出□□□□A，即 c 变量输出占 5 列，前 4 列补空格。

上述输出语句中的前一个 c 是格式符，后一个 c 是变量名。

值在 0～127 范围内的整数，也可以按字符形式输出，系统会将该整数作为 ASCII 码转换成相应的字符；反之，一个字符数据也可以按整数形式输出（见例题 2.3.2）。

4. 字符串格式控制符

用于输出一个字符串，其格式控制符如下：

%s, %ms, %-ms, %-m.ns

其中，m 表示输出宽度，n 表示只输出字符串的左边 n 个字符。

【例 3.3.3】 字符串数据的输出。

```
int main()
{
    printf("%s%s","China","□Beijing");
    printf("%3s,%7.2s,%.4s,%-5.3s", "Hello", "Hello", "Hello", "Hello");
    return 0;
}
```

运行结果如下：

China□Beijing
Hello,□□□□□He,Hell,Hel□□

说明：第一个%3s，实际字符串长度超过 3，按实际长度输出；第二个%7.2s，输出字符串左端 2 个字符，补足 5 个空格，宽度为 7；第三个%.4s，输出字符串左端 4 个字符，宽度为 4；第四个%-5.3s，输出字符串左端 3 个字符，右端补足 2 个空格。

使用 printf 函数时，应注意格式控制符和输出数据之间的相互匹配。如果使用了与输出数据类型不匹配的格式控制符，C 编译系统并不显示错误信息，而按用户选择的错误格式控制符进行输出，将导致输出结果没有意义。

【例 3.3.4】 格式不匹配的输出示例。

```
int main()
{
```

```
        float f = 12345;
        int i = 100;
        printf("f = %d\n",f);
        printf("i = %f\n",i);
        return 0;
    }
```

输出结果如下：

f = 0
i = 0.000000

3.3.2　格式输入函数

scanf 函数称为格式输入函数，即按指定格式从键盘读取数据并赋给指定变量。其调用形式如下：

scanf("格式控制字符串",输入项地址列表)

说明：

(1) 格式控制字符串和 printf 函数中的格式控制字符串一样，由两类字符组成，即格式控制符和普通字符。格式控制符包括%d、%f、%c 等。

(2) 输入项地址列表由若干个地址组成，以逗号","分隔。每个地址对应输入数据所要存储的内存地址，可以是变量的地址(地址运算符"&"后跟变量名)或数组名。

(3) 格式控制字符串中以%开头格式控制符的个数与输入项地址列表的项数必须相同且类型匹配，否则将产生不可预测的结果。

(4) 输入 long int 型数据必须用%ld；输入 double 型数据必须用%lf 或%le。例如，

    double a;
    scanf("%f",&a);

没有使用%lf，变量 a 将不能正确获得从键盘输入的数据。

(5) scanf 中也可以使用%md、%*md 的格式控制符。%md 将从键盘输入的数据中截取 m 列数据作为输入；%*md 则跳过 m 列数据，不输入。例如，

    scanf("%3d%2d", &a, &b);

如果键盘输入 12345，则 a=123,b=45。scanf 函数按格式截取前 3 列赋给 a,后 2 列赋给 b。

又例如，

    scanf("%*3d%2d", &a);

同样输入 12345，结果 a 的值为 45，因为%*3d 的格式控制跳过前 3 列不输入，截取后 2 列赋给 a。本格式的具体应用见例题 3.3.5。

(6) 以%d、%f 格式控制符输入多个数据时，在数据之间以一个或多个空格间隔，也可以用回车键、跳格键 tab 间隔。但用%c 输入字符时，空格、回车键、跳格键将被当作字符输入。

(7) 在格式控制字符串中应谨慎使用普通字符。如果添加了普通字符,输入数据时也必须输入这些普通字符。例如,

  scanf("a=%d",&a);

应当从键盘输入 a=3(回车)而不是 3(回车)。如果输入时遗漏了普通字符"a=",变量 a 将得不到预想的输入。本格式的具体应用见例题 3.3.6。

【例 3.3.5】 用 scanf 函数编程,用户输入身份证号,从中获取生日信息并输出。

```
#include <stdio.h>
int main()
{
    int i,j,k;
    printf("请输入身份证号:");
    scanf("%*6d%4d%2d%2d%*4d",&i,&j,&k);
    printf("\n您的生日是:%d年%2d月%2d日\n",i,j,k);
    return 0;
}
```

运行结果如下:

请输入身份证号:330102201011024011(回车)
您的生日是:2010 年 11 月 2 日

说明:

(1) 由于 scanf 函数本身不能显示提示串,故通过 printf 语句在屏幕上输出提示信息"请输入身份证号:"。

(2) 身份证号长 18 位,前 6 位是地区码,然后才是 8 位生日信息。因此前 6 位用%*6d跳过,接着就用%4d截取年,%2d截取月,第二个%2d截取日,截取的年、月、日分别赋值给变量 i,j,k。最后 printf 函数将生日输出。

(3) 在 scanf 函数的格式控制字符串中还有一个%*4d,它将剩余的 4 位数(本例中4011)跳过。如果不写%*4d,对这个程序并没有影响,但是剩下的这些字符会影响后续输入语句的输入。也就是,如果后面还有 scanf 这样的输入函数,4011 可能变为它们的输入。因此,前面多余的数据最好把它处理掉。

【例 3.3.6】 用 scanf 函数输入 x 和分数 n/m,计算 x·(n/m)。请观察格式控制字符串中普通字符的作用。

```
#include <stdio.h>
int main()
{
    int n,m,i,j;
    float x;
    printf("请输入 x: \n");
    scanf("%f",&x);
    printf("请输入 n/m: \n");
    scanf("%d/%d",&n,&m);
    printf("x*n/m 是%.2f\n",x*n/m);
```

```
        return 0;
}
```

运行结果如下：

请输入 x:
600
请输入 n/m:
7/8
x * n/m 是 525.00

说明：在输入分数 n/m 时，采用%d/%d 的格式控制字符串。第 1 个%d 控制输入 n，第 2 个%d 控制输入 m，在两个%d 之间加了/，它是普通字符，因此输入时 7 和 8 之间必须输入/。

从本例中可以看出，利用普通字符可以设置输入格式，%d/%d 设置了键盘输入格式为 n/m。如果要按"时:分:秒"的格式输入时间，则可以采用如下方式：

scanf("%d:%d:%d",&hour,&minute,&second);

3.3.3 字符输出函数

C 语言提供了专门用于字符输出的 putchar 函数。其调用形式如下：

putchar(c);

其中，c 可以是字符型常量、字符型变量或整型变量。

此函数的功能是在屏幕的当前光标位置处显示 c 所表示的一个字符。

【例 3.3.7】 用 putchar 函数输出单个字符。

```
#include<stdio.h>
int main()
{
    char a, b, c;                              //定义字符型变量a,b,c
    a = 'O'; b = 'K'; c = '!';                 //对变量a,b,c进行赋值
    putchar(a); putchar(b); putchar(c);        //输出 OK!
    putchar('\n');                             //输出换行
    putchar('\x41'); putchar('\102');          //输出 AB
    return 0;
}
```

说明：putchar 函数一次调用只能输出一个字符，不能写成 putchar(a,b,c);。

3.3.4 字符输入函数

字符输入函数 getchar 没有参数，其一般形式如下：

getchar()

此函数的功能是接收从键盘输入的一个字符，函数的返回值就是该字符。

【例3.3.8】 输入单个字符。

```
#include <stdio.h>
int main()
{
    char c; int i;
    c = getchar(); printf("c = %-4c", c);
    i = getchar(); printf("i = %-3d", i);
    printf("c1 = %-4c", getchar());
    return 0;
}
```

在运行时,如果从键盘输入3个字符:abc(回车)。

运行结果如下:

c = a□□□i = 98□c1 = c

说明:如果需要连续输入多个字符,输入的字符不能有定界符,各字符之间也不能有空格。例如本示例中要输入3个字符a、b、c,以下输入方式都是错误的:

'a"b"c'(回车)
a b c(回车)

3.4 顺序结构程序设计举例

按照语句的书写顺序依次执行,这种结构属于顺序结构。

下面介绍几个顺序结构程序设计的例子。

【例3.4.1】 输入长方体的长、宽、高,求长方体的体积和表面积。

分析:设长方体的长、宽、高分别为x、y、z。从数学公式可知,其体积v和表面积s分别为$v=xyz$和$s=2xy+2xz+2yz$。据此,先定义变量,分别存放长、宽、高、体积和表面积,并考虑其类型为单精度浮点型。然后,分别用语句实现数据输入、数据处理和数据输出,其中,数据处理是将计算体积v和表面积s的数学公式用C表达式给出。程序代码如下:

```
#include <stdio.h>
int main()
{
    float x,y,z,v,s;
    printf("Input x,y,z:\n");
    scanf("%f,%f,%f",&x,&y,&z);
    v = x*y*z;
    s = 2*(x*y+x*z+y*z);
    printf("x = %8.3f, y = %8.3f, z = %8.3f, v = %8.3f\n",x,y,z,v);
    printf("s = %8.2f\n",s);
    return 0;
}
```

运行结果如下:

屏幕提示:Input x, y, z:

键盘输入:2.2,3.3,4.4(回车)
屏幕显示:x= 2.200, y= 3.300, z= 4.400, v= 31.944
          s= 62.92

说明:

(1) 本程序由 4 个函数调用语句和 2 个赋值语句组成,程序中的每一个语句都执行一次,而且只能执行一次。

(2) 整个程序由三部分组成:数据输入部分——输入长宽高 x、y、z 的值;计算处理部分——求体积 v 和表面积 s;数据输出部分——按要求输出结果 v 和 s。

【例 3.4.2】 编写程序,输入两个整数,输出它们的和、差、积、商及余数。

程序代码如下:

```c
#include <stdio.h>
int main( )
{
    int m,n,a,b,c,d,e;
    printf("Input m,n:\n");
    scanf("%d%d",&m,&n);
    a=m+n; b=m-n; c=m*n; d=m/n; e=m%n;
    printf("m+n=%d\tm-n=%d\tm*n=%d\tm/n=%d\tm%%n=%d\n", a,b,c,d,e);
    return 0;
}
```

运行结果如下:

屏幕提示:Input m,n:
键盘输入:53(回车)
屏幕显示:m+n=8 m-n=2 m*n=15 m/n=1 m%n=2

说明:

(1) 程序可以将多个语句写在同一行,同一行的语句从左到右依次执行。

(2) 为了显示字符%,可在 printf 函数的格式控制字符串中使用两个连续的%。

【例 3.4.3】 输入一个 4 位整数,然后打印出它的 4 位数字之和。

程序代码如下:

```c
#include <stdio.h>
int main ( )
{   int n,a,b,c,d,sum;
    printf("Input n:");
    scanf ( "%d", &n );
    a=n%10;                          //求个位数
    b=n/10%10;                       //求十位数
    c=n/100%10;                      //求百位数
    d=n/1000;                        //求千位数
    sum=a+b+c+d;
    printf("n=%d, sum=%d\n", n, sum);
    return 0;
}
```

运行结果如下：

```
Input n:2568 <回车>
n = 2568, sum = 21
```

说明：

（1）整个程序由三部分组成：数据输入部分——输入整数 n 的值；计算处理部分——求 n 的个、十、百、千位，并求和；数据输出部分——按要求输出各位数之和 sum。

（2）数据处理部分综合利用整数除/和取余运算%的特点，计算得到一个整数的各位数字。这是后面常用的程序片段。

本章所举例子都属顺序结构，不难发现，所有程序都可以看成是由数据输入、数据处理和数据输出 3 个部分组成，程序无非是对于特定的输入数据进行处理并输出处理结果的指令序列。因此，学习 C 语言中丰富的控制语句能进行更复杂的流程控制，是后续章节学习的重点。

习题

一、问答题

查找下列程序段中的错误，并将其改正。

（1）
```
float x,y;
scanf("%f,%f",x,y);
```

（2）
```
double f = 3.1415926;
printf("%d",f);
```

（3）
```
float x,y;
scanf("%f%f\n",x,y);
```

（4）
```
double x; long y;
scanf("%f%d",&x,&y);
```

二、单选题

1. 执行下列语句后，输出结果是（　　）。
```
int x = 102,y = 12;
printf("%2d,%3d\n",x,y);
```

　　A. 102,12　　　　　　B. 10,012　　　　　　C. 02,12　　　　　　D. 102,120

2. 设 i 是 int 型变量，j 是 float 型变量，用下面的语句给这两个变量输入值：
```
scanf("i=%d, j=%f",&i,&j);
```

为了把 10 和 2.5 分别赋给 i 和 j，则正确的输入为（　　）。

　　A. i＝10,j＝2.5 <回车>

　　B. 10　2.5 <回车>

　　C. 10　<回车> 2.5 <回车>

　　D. x＝10 <回车>,y＝2.5 <回车>

3. putchar 函数可以向屏幕输出一个(　　)。
   A. 整型变量值　　　　　　　　　　B. 实型变量值
   C. 字符串　　　　　　　　　　　　D. 字符或字符变量的值

4. 运行以下程序,从键盘输入 25,13,10<回车>,则输出结果是(　　)。

   ```
   int main()
   {
       int a1,a2,a3;
       scanf("%d,%d,%d",&a1,&a2,&a3);
       printf("a1+a2+a3=%d\n",a1+a2+a3);
       return 0;
   }
   ```

   A. a1+a2+a3=48　　　　　　　　　B. a1+a2+a3=25
   C. a1+a2+a3=10　　　　　　　　　D. 不定

5. 设有以下程序段,则输出结果是(　　)。

   ```
   char c1 = 'b', c2 = 'e';
   printf("%d,%c\n",c2-c1,c2-'a'+'A');
   ```

   A. 2,M　　　　　　　　　　　　　B. 3,E
   C. 2,E　　　　　　　　　　　　　D. 输出结果不确定

6. 下面(　　)语句正确地描述了计算公式 $y=\dfrac{ax^3}{x-b}$。

   A. y = ax*x*x/x－b　　　　　　　B. y = ax*x*x/(x－b)
   C. y = (a*x*x*x)/(x－b)　　　　D. y = a*x*x*x/x－b

7. 有以下程序,叙述中正确的是(　　)。

   ```
   int main()
   {
       char a1 = 'M',a2 = 'm';
       printf("%c\n",(a1,a2));
       return 0;
   }
   ```

   A. 程序输出大写字母 M　　　　　　B. 程序输出小写字母 m
   C. 程序运行时产生出错信息　　　　D. 格式说明符不足,编译出错

三、编程题

1. 编写程序,输入圆的半径,计算并输出其周长和面积。常量 pi 的值取为 3.14159,周长和面积取小数点后 2 位数字。

2. 编写程序,把整数华氏温度 f 转换为浮点型的摄氏温度 c。转换公式为 c=5/9(f-32),输出要有文字说明,取 2 位小数。例如,

   输入华氏温度:41

   摄氏温度:5.00

3. 编写程序,从键盘输入一个 5 位正整数,然后分别求出它的个位数、十位数、百位数、千位数和万位数,并打印出这 5 位数字的和。例如输入 12345,打印出 15(1+2+3+4+5=15)。

4. 编写程序，输入三角形三边的边长，求三角形面积。三角形面积的计算公式为 $p=(a+b+c)/2, S=\sqrt{p(p-a)(p-b)(p-c)}$。

5. 编写程序，输入一个小写字母，输出其对应的大写字母。

6. 若 $a=3, b=4, c=5, x=1.2, y=2.4, z=-3.6, u=51274, n=128765, c1='a', c2='b'$。想得到以下的输出结果，请写出程序（包括定义变量和输出设计）。

要求输出的结果如下：

```
a= 3   b= 4   c= 5
x=1.200000,y=2.400000,z=-3.600000
x+y= 3.60   y+z=-1.20   z+x=-2.40
u= 51274   n=128765
c1='a' or 97(ASCII)
c2='b' or 98(ASCII)
```

7. 编写程序，设银行定期存款的年利率 rate 为 3.25%，存款期为 n 年，存款本金为 capital 元，计算并输出 n 年后的本利之和 deposit。利息计算公式如下：

interest(利息)＝capital(本金) * rate(年利率) * n(年)

8. 编写程序，输入销售员的销售额，计算并输出其月工资。公司规定销售人员的工资由底薪加提成构成，底薪为 1000 元，提成为当月总销售额的 9%。

第 4 章 选择结构程序设计

CHAPTER 4

选择结构是结构化程序设计的三种基本结构之一。在解决问题的过程中,常常需要根据某个条件决定下一步要进行的操作。为此,C语言提供了选择控制语句,程序执行时可根据指定的条件是否满足,选择一条特定的执行路径,这就是选择结构,也称为分支结构。

C语言提供了两种可以实现选择结构的语句:if 语句和 switch 语句。在使用 if 语句之前,先介绍逻辑表达式,用于描述条件。

4.1 关系表达式和逻辑表达式

C语言中一般用关系表达式或逻辑表达式作为选择结构的条件。

4.1.1 关系表达式

由关系运算符将两个表达式连接起来的式子称为关系表达式,其一般形式如下:

表达式1　关系运算符　表达式2

C语言提供了6个关系运算符,分别是>(大于),<(小于),>=(大于或等于),<=(小于或等于),==(等于)和!=(不等于)。

关系运算符都是双目运算符,其结合性为左结合。关系运算符的优先级低于算术运算符,高于赋值运算符。在6个关系运算符中,>、<、>=、<=的优先级相同,==和!=的优先级相同,前四者优先级高于后二者。

关系运算符两边的运算对象可以是任意合法的表达式,例如,下面都是合法的关系表达式:

x>y、x+5>y-z、(x=5)<=y、x==y、'a'<'b'

由于关系表达式也是表达式,因此,表达式中允许出现多个关系运算,例如 a>(b>c)、a!=(c==d)等,这就需要根据优先级决定其计算顺序。

注意区分"=="和"="在C程序中不同的含义,前者是关系运算符"等于",后者是赋值运算符。程序中需要判断两个数据是否相等时,应当采用关系运算符"==",而不是赋值运算符"="。例如,要判断变量 x 的值是否等于10,应当写作 x==10,若误写作 x=10,则含义完全不同,表示给变量 x 赋值10。

关系表达式的值是一个逻辑值,即"真"或"假"。当表达式所描述的关系成立时,其值为

"真";若关系不成立,则值为"假"。但 C 语言没有专门提供逻辑型数据,而是用整数值表示关系运算的结果,整数 1 表示"真",整数 0 表示"假"。

例如,假定 a=3,b=4,c=5,则

(1) 关系表达式 a+b>2*c 的值为 0("假"),因为 3+4>2*5 关系不成立。

(2) 关系表达式'b'!='B'的值为 1("真"),因为字符常量以它对应的 ASCII 码值参与运算,98!=66 关系成立。

(3) 关系表达式 c>b>a 的值为 0。对于含多个关系运算符的表达式,根据运算符的优先级和结合性,计算顺序为(c>b)>a,先计算 c>b,其值为 1,再计算 1>a,故表达式值为 0。注意,这与数学中不等式 c>b>a 的含义不同。

4.1.2 逻辑表达式

关系表达式所表示的条件比较简单,为了表示更复杂的条件,可以使用逻辑表达式。C 语言提供了三种逻辑运算符,即!(逻辑"非")、&&(逻辑"与")以及||(逻辑"或"),通过逻辑表达式可以将几个简单条件组合成复杂条件。

其中 && 和||为双目运算符,左结合。!为单目运算符,右结合。

由逻辑运算符将关系表达式或逻辑常量连接起来的式子就是逻辑表达式。例如,x<y && y<z,x || y,!x==y,!(x==y)等都是逻辑表达式。

和关系表达式一样,逻辑表达式的值也只有"真"或"假"两种。例如,常量 5 和 3 均非 0,因此,表达式"5 && 3"的值为 1("真"),而表达式"5 && 0"的值为 0("假")。

逻辑表达式运算规则:

(1) 逻辑"与"运算:参与运算的两个量都为真时,其结果才为真,否则为假。

(2) 逻辑"或"运算:参与运算的两个量只要有一个为真时,其结果就为真。两个量都为假时,结果才为假。

(3) 逻辑"非"运算:参与运算量为真时,结果为假,否则结果为真。

(4) 逻辑运算符的优先级是:! 最高,&& 次之,||最低。与算术运算符、关系运算符、赋值运算符相比,它们之间优先级的次序由高到低依次为

!、算术运算符、关系运算符、&&、||、赋值运算符

表 4.1.1 是逻辑运算符的真值表。用它表示当 a 和 b 的值为不同组合时,各种逻辑运算所得到的值。

表 4.1.1 逻辑运算真值表

a	b	!a	!b	a && b	a || b
非 0	非 0	0	0	1	1
非 0	0	0	1	0	1
0	非 0	1	0	0	1
0	0	1	1	0	0

例如,表示变量 x 取值区间为 100～200(即数学不等式 100≤x≤200),在 C 语言中应写成 100<=x && x<=200。如果写成 100<=x<=200,将得不到正确的运算结果。

在计算含有 && 和||运算符的逻辑表达式时,C 语言规定自左向右计算各运算分量

的值,一旦能够确定整个表达式的值,就不再计算后面的子表达式。例如,对逻辑表达式

  表达式 1 && 表达式 2

若计算出表达式 1 的值为 0,就不再计算表达式 2,因为不论表达式 2 的值为 1 或 0,整个逻辑表达式的值都是 0。同样,对逻辑表达式

  表达式 1 ||表达式 2

若计算出表达式 1 的值非 0,就不再计算表达式 2,因为已经可确定整个逻辑表达式的值为 1 了。

【例 4.1.1】 分析下面程序的运行结果。

```
#include <stdio.h>
int main( )
{
    int x = 2, y = 2;
    printf(" % d ",(x = 3) && (y = 3));
    printf("x = % d\ty = % d\n", x,y);
    printf(" % d ", (x = 4) || (y = 4));
    printf("x = % d\ty = % d\n", x,y);
    return 0;
}
```

运行结果如下:

```
1    x = 3    y = 3
1    x = 4    y = 3
```

注意:表达式 y=4 并没有执行。

4.2 if 语句

  到目前为止,介绍的程序都是顺序结构,即按照语句在程序中的书写顺序依次执行,每个语句均执行一次。但在实际应用中,一些语句可能根据当时的条件不必要执行,或需要从两组或多组语句中选择之一执行,这就是选择结构,if 语句就是表达选择结构的语句。if 语句有以下三种基本形式:if(单分支)、if…else 语句(双分支)和 if…else if 语句(多分支)。

4.2.1 if 语句

if 语句的语法格式如下:

  if(表达式) 语句

其中,表达式表示选择条件;表达式后的语句称内嵌语句(或子句),可以是简单句或复合语句。

  if 语句的语义:先计算表达式的值,若其值非 0(即条件为"真"),则执行内嵌语句,否则内嵌语句不执行,直接转向 if 语句后的下一个语句。其执行过程如图 4.2.1 所示。

  注意:表示条件的表达式必须用圆括号括起,且括号后不能加分号";"。如果内嵌语句

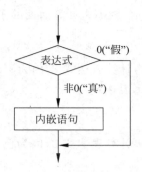

图 4.2.1　if 语句执行过程

包括多个语句,必须用花括号括起,形成一个复合语句,等效于一个语句。如果内嵌语句只有一个语句,可以不加花括号,也可加花括号。

【例 4.2.1】 编写程序,测试一个正整数是否能被另一个正整数整除。

分析:判断一个正整数 n 是否能被另一个正整数 d 整除,可以检查 n 整除 d 的余数是否为 0。如果表达式 n%d !=0 为"真",则 n 不能被 d 整除,否则 n 能被 d 整除。程序代码如下:

```
#include <stdio.h>
int main( )
{
    int n, d;
    printf("Enter two positive integers: ");
    scanf("%d,%d", &n,&d);
    if (n%d!= 0)
        printf("%d is not divisible by %d\n",n,d);
    return 0;
}
```

第一次运行情况如下:

Enter two positive integers: 76,8<回车>
76 is not divisible by 8

第二次运行情况如下:

Enter two positive integers: 120,8<回车>

说明:

(1) 从两次运行结果可以看出,第一次输入 76 和 8,表达式 76%8 的计算结果为 4。由于该值非 0,条件为"真",因此,执行输出语句。第二次输入 120 和 8,表达式 120%8 的计算结果为 0,条件为"假",输出语句未执行,无输出。

(2) 由于内嵌语句是 if 语句的一部分,可以向右缩进书写,体现它们之间的隶属关系。代码的缩进格式,可提高程序的可读性。

(3) 条件(n%d!=0)也可以写成(n%d),前者为关系表达式,后者为算术表达式,程序运行结果相同。

【例 4.2.2】 编写程序,实现下面分段函数的求值。

$$y = \begin{cases} x-1 & (x \leqslant 1) \\ 2x^2 - 3x + 1 & (1 < x \leqslant 10) \\ x/4 & (x > 10) \end{cases}$$

分析:随着 x 取值范围不同,计算 y 所使用的公式不同。因此应先判断 x 的值,然后选择对应的计算公式。程序代码如下:

```
#include <stdio.h>
int main()
{
    float x,y;
    printf("Input x:\n");
    scanf("%f", &x);
    if(x<=1) y=x-1;
    if(x>1 && x<=10) y=2*x*x-3*x+1;
    if(x>10) y=x/4;
    printf("x=%f, y=%f\n", x,y);
    return 0;
}
```

运行结果如下:

第一次运行情况如下:

Input x:
-2<回车>
x=-2.000000, y=-3.000000

第二次运行情况如下:

Input x:
3<回车>
x=3.000000, y=10.000000

第三次运行情况如下:

Input x:
12<回车>
x=12.000000, y=3.000000

本程序为三分段函数计算,进行程序测试时,输入三组数据,目的是检验三个 if 语句能否正常运行,是否达到预期的效果。程序测试,必须验证所有的可能情况。即对分支语句的每个分支都需要测试,否则不能保证程序没有错误。

【例 4.2.3】 编写程序,求三个整数的最小值。

分析:先看一个生活实例。假设有 3 个梨子,要找出其中最小的。首先用手中拿的第一个梨子与第二个进行比较。如果第二个梨子比手中的小,则放弃手中的梨子,拿起第二个梨子,否则不拿第二个,这时手中的梨子是前两个梨子中的小者。接着将手中的梨子再和第三个做比较,如果第三个梨子比手中的小,放弃手中的拿起第三个,否则不拿,这时手中的梨子已经是三个梨子中的最小者。

本题的算法与上面思路类似,其中,变量 min 相当于拿梨子的手,变量 a,b,c 相当于三个梨子,最后 min 中存放的即是三个数中的最小值。程序代码如下:

```c
#include <stdio.h>
int main( )
{
    int a, b, c, min;                    //定义变量
    printf("Input a,b,c:");
    scanf("%d,%d,%d",&a,&b,&c);          //输入 a,b,c 的值
    min = a;                             //假定 a 是最小的
    if(min>b) min = b;                   //如果 min 的值比 b 的值大,将 b 的值赋给 min
    if(min>c) min = c;                   //如果 min 的值比 c 的值大,将 c 的值赋给 min
    printf("a=%d,b=%d,c=%d,min=%d\n",a,b,c,min);
    return 0;
}
```

换一个解决问题的方法:最小值可能是三个数中的任何一个,即有 3 种可能。1 种可能用 1 条分支语句判断,程序也可以这样写:

```c
#include <stdio.h>
int main()
{
    int a, b, c, min;
    printf("Input a,b,c:");
    scanf("%d,%d,%d",&a,&b,&c);
    if (a<=b && a<=c)                    //判断 a 是否最小
        min = a;
    if (b<=a && b<=c)                    //判断 b 是否最小
        min = b;
    if (c<=a && c<=b)                    //判断 c 是否最小
        min = c;
    printf("a=%d,b=%d,c=%d,min=%d\n",a,b,c,min);
    return 0;
}
```

方法一比方法二更简洁。如果求 n 个整数的最小值,n 越大,方法一的优势将越明显。

4.2.2　if…else 语句

当需要根据条件判断在两组操作中选择其一时,可以使用以下格式的 if 语句:

```
if (表达式)
    内嵌语句 1
else
    内嵌语句 2
```

其中,表达式表示条件,内嵌语句 1 和内嵌语句 2 可以是简单语句或复合语句。

执行 if…else 语句时,先计算表达式的值,若其值非 0,则执行内嵌语句 1,并跳过内嵌语句 2,转向 if 语句的后续语句;若条件表达式的值为 0,则执行内嵌语句 2,接着执行 if 语句的后续语句。其执行过程如图 4.2.2 所示。

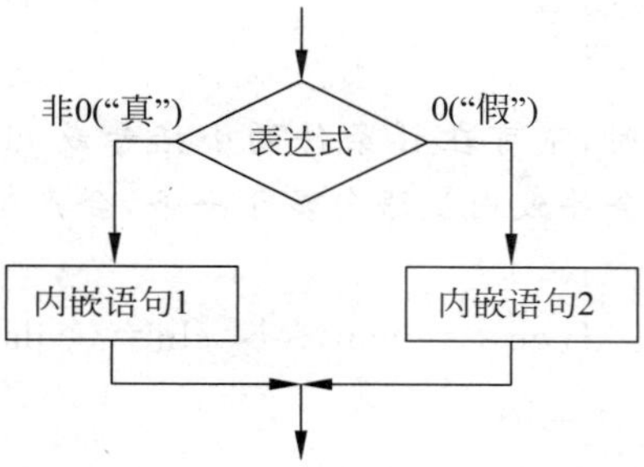

```
        非0("真")         0("假")
              ╲   表达式   ╱
               ╲         ╱
        ┌──────────┐  ┌──────────┐
        │ 内嵌语句1 │  │ 内嵌语句2 │
        └──────────┘  └──────────┘
```

图 4.2.2 if…else if 流程图

构成条件的表达式必须用小括号括起来,内嵌语句 1 或内嵌语句 2 包含不止一条语句时,必须加一对花括号,形成复合语句块。

else 子句不能作为独立语句使用,必须是 if…else 语句的一部分。即 else 必须与 if 配对使用。可见,4.2.1 节介绍的 if 语句是 if…else 语句的特例,if 语句表示是否执行一组操作,而 if…else 语句表示在两组操作中执行其中之一。

【例 4.2.4】 编写程序,判断一个 5 位正整数是否为回文数。

分析:所谓回文数,是指其各位数字左右对称的整数,如 181,6336,75257 等。要判断一个 5 位正整数是否是回文数,可以先分解出这个数的个位数、十位数、千位数和万位数,再判断个位数与万位数以及十位数与千位数是否相同。程序代码如下:

```c
#include <stdio.h>
int main( )
{
    int n,ge,shi,qian,wan;
    printf("Input n (10000~99999):\n");
    scanf("%d",&n);
    ge = n%10;                    //计算得到 n 的个位数
    shi = n/10%10;                //计算得到 n 的十位数
    qian = n/1000%10;             //计算得到 n 的千位数
    wan = n/10000;                //计算得到 n 的万位数
    if(ge == wan && shi == qian)
        printf("%d 是回文数.\n",n);
    else
        printf("%d 不是回文数.\n",n);
    return 0;
}
```

第一次运行情况如下:

input n(10000~99999):
10201 <回车>
10201 是回文数.

第二次运行情况如下:

Input n(10000~99999):

```
94569 <回车>
94569 不是回文数.
```

说明：使用 if…else 语句时，不可在 if 条件的小括号或 else 后误加分号。仅由分号组成的语句是空语句，多加分号会导致内嵌语句多于一条，会产生语法错误或导致语句作用与原意不同。

请思考，如果程序中写作：if(ge==wan && shi==qian);;将会怎样？如果 else 后多一个分号呢？

4.2.3 if 语句的嵌套

if 语句的内嵌语句还可以是 if 语句，这种形式称为 if 语句嵌套。

作为内嵌的 if 语句，可以是 if 单分支语句或是 if…else 双分支语句，这就可能出现 if 的数目多于 else 的情况，if 与 else 该如何配对呢？

例如。

```
if (表达式 1)
   if(表达式 2)
       语句 1
   else
       语句 2
```

这里的 else 究竟和哪一个 if 配对呢？语句 2 是当条件表达式 1 为假还是表达式 2 为假时执行呢？

C 语言规定，else 总是与它前面最近的未配对的 if 配对。因此，在上面的例子中，else 与离它最近的 if 配对，当表达式 2 为假时执行语句 2。

书写时的缩进对齐格式是为了便于阅读，不影响语句的实际含义。写成：

```
if (表达式 1)            if (表达式 1)
   if(表达式 2)              if(表达式 2)
      语句 1                    语句 1
   else                     else
      语句 2                    语句 2
```

含义相同，执行结果相同。

如果要表达 else 与第一个 if 配对，即表达式 1 为假时执行，应写成：

```
if (表达式 1)
{
    if(表达式 2)
        语句 1
}
else
    语句 2
```

通过花括号限定内嵌语句的范围，即把"if(表达式 2)语句 1"限定为一个单分支语句，因此 else 与第一个 if 配对。

【例 4.2.5】 阅读下面的程序，注意 else 配对问题。

```c
#include<stdio.h>
```

```
int main( )
{
    int  x = 4;
    if(x > 6)
    if(x < 12)   ++x;
    else   -- x;
    printf("x = % d:\n",x);
    return 0;
}
```

说明：程序代码将 else 写在与第一个 if 同一列上，但是缩进对齐与语义无关。根据最近匹配原则，else 应和第二个 if 配对，第一个 if 语句为单分支结构，第二个 if…else 是其内嵌语句，故运行结果为 x＝4。

利用 if 语句的嵌套可以实现复杂的逻辑判断，从而实现多分支结构。下面是一个利用嵌套 if 语句编程的例子。

【例 4.2.6】 某商场进行打折销售。如顾客一次购买商品 500 元以上(含 500 元)1000 元以下，则按 9 折结算；如一次购买商品 1000 元(含 1000 元)以上，则按 8 折结算。已知某顾客的购货金额，求该顾客的实际支付金额。

程序 1：

```
# include < stdio.h >
int main()
{
    float x,y;
    printf("输入购买金额: ");
    scanf(" % f",&x);
    if(x >= 1000)
        y = 0.8 * x;
    else if(x >= 500)
        y = 0.9 * x;
    else
        y = x;
    printf("实际支付金额为: % f\n",y);
    return 0;
}
```

程序 2：

```
# include < stdio.h >
int main()
{
    float x,y;
    printf("输入购买金额: ");
    scanf(" % f",&x);
    if(x >= 500)
        if (x >= 1000)
            y = 0.8 * x;
        else
            y = 0.9 * x;
```

```
        else
            y = x;
    printf("实际支付金额为: %f\n",y);
    return 0;
}
```

以上两个程序功能相同,用不同的 if 语句嵌套方式实现的三分支结构。可见一个问题的求解可以有不同的程序。

【例 4.2.7】 编写程序,求一元二次方程 $ax^2+bx+c=0$ 的根。

分析:求解一元二次方程 $ax^2+bx+c=0$ 的根,应该考虑以下几种可能情况:

(1) 当 $a=0$ 时,不是二次方程;

(2) 当 $b^2-4ac=0$ 时,方程有两个相同的实根;

(3) 当 $b^2-4ac>0$ 时,方程有两个不同的实根;

(4) 当 $b^2-4ac<0$ 时,方程有两个共轭复根。

这里有 4 个分支,根据相应条件执行不同的分支,可获得方程完整的解。程序代码如下:

```c
#include<stdio.h>
#include<math.h>
int main()
{
    float a,b,c,d,disc,x1,x2,realpart,imagpart;
    scanf("%f%f%f",&a,&b,&c);
    printf("The equation ");
    if(fabs(a)<=1e-6)
        printf("is not a quadratic\n");
    else
    {
        disc=b*b-4*a*c;
        if(fabs(disc)<=1e-6)
            printf("has two equal roots:%.4f\n",-b/(2*a));
        else if(disc>0)
        {
            x1=(-b+sqrt(disc))/(2*a);
            x2=(-b-sqrt(disc))/(2*a);
            printf("has distinct real roots:%.4f,%.4f\n",x1,x2);
        }
        else
        {
            realpart=-b/(2*a);
            imagpart=sqrt(-disc)/(2*a);
            printf("has complex roots:\n");
            printf("%.4f+%.4fi, ",realpart,imagpart);
            printf("%.4f-%.4fi\n",realpart,imagpart);
        }
    }
    return 0;
}
```

运行结果如下:

0 2 4<回车>
The equation is not quadratic.
2 8 8<回车>
The equation has two equalroots:-2.0000
5 8 2<回车>
The equation has distinct real roots:-0.3101,-1.2899
3 4 5<回车>
The equation has complex roots:
-0.6667+1.1055i,-0.6667-1.1055i

说明:

(1) 计算判别式 b^2-4ac 的值,并保存在变量 disc 中,以免重复计算。

(2) 由于变量 disc 为实数,是一个近似值,如果直接用(disc==0)进行相等判断,无法正确判断。用 disc 的绝对值(fabs(disc))小于一个接近 0 的数(如 10^{-6}),替代 disc 等于 0 的比较。

(3) 注意复合语句括号的配对使用。

4.2.4　if…else if 语句

销售打折是三分段函数,是一种三分支结构,在例 4.2.6 中通过 if 语句嵌套表示三分支结构。对三分支或多分支结构,使用多分支结构 if…else if 语句,将更加简练。if…else if 语句语法格式如下:

```
if (表达式 1)
    语句 1
else if (表达式 2)
    语句 2
else if (表达式 3)
    语句 3
…
else if (表达式 n)
    语句 n
[else
    语句 n+1]
```

其中,表达式 i(i=1,2,3…n)表示判断条件,语句 i(i=1,2,3…n)对应条件表达式 i 的值为真时执行的语句(可以是复合语句)。方括号中的"else 语句 n+1"表示可选项,根据需要,多分支 if 语句可以有 else 子句,也可以没有。

执行 if…else if 语句时,先计算表达式 1 的值,若其值非 0,则执行语句 1,跳过其他分支,转向 if…else if 语句的后续语句;否则,计算表达式 2 的值,若其值非 0,则执行语句 2,然后转向 if…else if 语句的后续语句;依此类推。若所有表达式 i(i=1,2,3…n)的值均为 0,在没有可选项 else 时,转向 if…else if 语句的后续语句;在有选择项 else 时,则执行语句 n+1。其执行过程如图 4.2.3 所示。

注意:

(1) else 和 if 是两个关键字,它们之间必须有空格,不能写成 elseif。

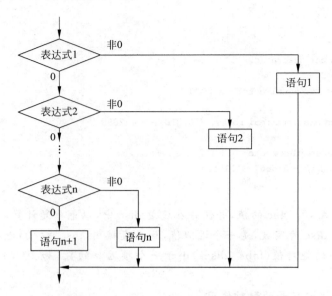

图 4.2.3 if…else if 语句执行过程流程图

(2) 无论 if …else if 语句有几个分支,只可能有一个分支被执行,该分支执行完毕后,转向 if …else if 语句的后续语句,其余分支不执行。

(3) 当多分支中有多个表达式同时满足时,只执行第一个与之匹配的分支语句,因此,要注意对多分支中表达式的书写次序。

其实,if …else if 语句是一种固定格式的 if 语句嵌套。之所以特别独立介绍,是因为该形式的 if 语句嵌套结构清晰,书写规范。

【例 4.2.8】 用 if …else if 语句实现商场打折销售程序。

程序代码如下:

```
#include<stdio.h>
int main()
{
    float x,y;
    printf("输入购买金额: ");
    scanf("%f",&x);
    if(x>=1000)
        y=0.8*x;
    else if(x>=500)
        y=0.9*x;
    else
        y=x;
    printf("实际支付金额为: %f\n",y);
    return 0;
}
```

可以看出该程序更加清晰,易于阅读理解。

【例 4.2.9】 把学生百分制分数换算成五级制成绩。要求输入一个百分制成绩,输出其对应五级(A,B,C,D,E)制的评定。评定的标准是分数 90~100 分为 A,80~89 分为 B,

70~79 分为 C,60~69 分为 D,0~59 分为 E,否则显示出错信息。

程序代码如下：

```
#include<stdio.h>
int main()
{
    int score;
    printf("Input your test score: ");
    scanf("%d",&score);
    if(score>100 || score<0)
        printf("Error: that score is out of range.\n");
    else if (score>=90)
        printf("Your grade is an A.\n");
    else if (score>=80)
        printf(" Your grade is a B.\n");
    else if (score>=70)
        printf(" Your grade is a C.\n");
    else if (score>=60)
        printf(" Your grade is a D.\n");
    else
        printf(" Your grade is an E.\n");
    return 0;
}
```

程序中使用 if…else if 语句，连续测试变量 score 的值，直到满足条件，执行对应的语句，当所有测试条件不满足，执行 else 后语句。

调试本程序时，要验证每个分支，至少测试 7 个数据，例如，当输入 120,95,80,72,69,50,-20 时，能依次分别打印出：

```
Error: that score is out of range..
Your grade is an A.
Your grade is a B.
Your grade is a C.
Your grade is a D.
Your grade is an F.
Error: that score is out of range.
```

才能认为本程序是正确的。

请思考，如果将程序中的 if…else if 语句改写成：

```
if (score>100 || score<0)
    printf( "Error: that score is out of range.\n");
else if (score>= 60) printf(" Your grade is a D.\n");
else if (score>= 70) printf(" Your grade is a C.\n");
else if (score>= 80) printf(" Your grade is a B.\n");
else if (score>= 90) printf(" Your grade is an A.\n");
else printf(" Your grade is an E.\n");
```

程序依然正确吗？

【例 4.2.10】 编写程序，由键盘输入字符，判断并显示该字符的类别：数字字符、大写字母、小写字母、空格或其他。

分析：判断字符的类别，实际上是判断字符 ASCII 码值的范围。程序代码如下：

```c
#include <stdio.h>
int main( )
{   char c;
    printf("Press a character Key:");
    c = getchar();
    printf("\nCharacter %c is ",c);
    if(c>='0' && c<='9')              //等价于 c>=48 && c<=57
        printf("a digit\n");
    else if(c>='A' && c<='Z')         //等价于 c>=65 && c<=90
        printf("an uppercase letter\n");
    else if(c>='a' && c<='z')         //等价于 c>=97 && c<=122
        printf("a lowercase letter\n");
    else if(c==' ')                   //等价于 c==32
        printf("a space\n");
    else                              //其他字符
        printf("not a digit, letter, or space\n");
    return 0;
}
```

运行结果如下：

```
Press a character Key: 6(按 Enter 键)
Character 6 is a digit.
```

4.2.5 条件表达式

条件运算符由"?"和":"组成，是 C 语言中唯一的三目运算符。这里的"?"和":"是一对运算符，必须组合使用。

条件表达式的一般形式如下：

表达式 1?表达式 2:表达式 3

条件表达式的求值顺序是先计算表达式 1，若其值为非 0（真），则计算表达式 2，并将其值作为条件表达式的值，否则，计算表达式 3，并将其值作为条件表达式的值。

例如：

min = x<y?x:y;

表示取 x 和 y 中小的值并赋给变量 min，和下面的 if 语句作用相同。

```
if (x<y) min = x;
    else min = y;
```

前者比后者简洁紧凑。

又例如：

```
if (a>b) print("max = %d\n",a);
    else print("max = %d\n",b);
```

也可以用以下条件表达式表示：

```
a > b? print("max = % d\n",a): print("max = % d\n",b);
```

或者：

```
print("max = % d\n",a > b?a:b);
```

4.3 switch 语句

C 语言专门提供了用于多分支选择的 switch 语句，代替嵌套 if 语句实现一系列平行的选择，有时可以更方便地解决多分支问题。其语法格式如下：

```
switch (表达式)
{ case    常量表达式 1:            语句序列 1
  case    常量表达式 2:            语句序列 2
   …
  case    常量表达式 n:            语句序列 n
  default:                         语句序列 n + 1
}
```

其中，条件表达式必须是整型或字符型表达式，常量表达式 i 必须和条件表达式类型相同。

使用 switch 语句应注意以下几点：

(1) case 后面只能跟常量表达式，不能出现变量或含变量的表达式，且每个 case 后的常量表达式的值不能相同，否则会出现错误。但不同的常量可以共用同一个语句序列。

(2) case 后面的常量表达式相当于一个语句标号，程序执行 switch 语句时，根据 switch 后面表达式的值确定入口标号，然后从该入口标号后的语句开始往下执行。

(3) case 子句中常以 break 语句结束 switch 语句，但 break 语句不是必需的。当执行遇到 break 语句时，从 switch 语句退出，转去执行 switch 的后续语句。若没有遇到 break 语句，将继续执行紧接其后的语句，直至遇到 break 语句或 switch 语句结束。

(4) case 子句允许有多个语句(语句系列)，可以不用{}括起来。

(5) 各 case 子句和 default 子句的先后顺序可以变动，不会影响程序执行结果。习惯上把 default 写在 switch 语句的最后。

(6) default 子句是可选项，可以不出现。当表达式的值与所有 case 后的常量表达式均不相同时，如果有 default 子句，则执行 default 子句，如果没有 default 子句，则不作任何操作，接着转去执行 switch 语句的后续语句。为了避免程序忽略一些意外情况，在 switch 语句中使用 default 子句是一种良好的程序设计习惯。

【例 4.3.1】 用 switch 语句输出学生的分数等级。(题目同例 4.2.9)

分析：本程序属于多分支问题，因此可用 switch 语句解决。但 case 后的常量是一个个离散的值，而不是一个数值范围。可设法将数值范围转换成一个确定的值，这是正确使用 switch 语句的关键。这里，要将每个分数段作为一个分支处理，因此可以用分数 score 除以 10，从而把分数范围变成一个离散的数值。例如，输入介于 80～89 之间的任一整数 score，表达式 score/10 的值是 8。程序代码如下：

```c
#include <stdio.h>
int main()
{   int score;
    printf("Enter your test score: ");
    scanf("%d",&score);
    switch (score/10)                    //score/10 的作用是将范围转换成整数
    {   case 10:                          //可以没有语句序列
        case  9: printf("Your grade is A.\n"); break;
        case  8: printf("Your grade is B.\n"); break;
        case  7: printf("Your grade is C.\n"); break;
        case  6: printf("Your grade is D.\n"); break;
        case  5:
        case  4:
        case  3:
        case  2:
        case  1:
        case  0: printf("Your grade is F.\n"); break;
        default: printf("Error: out of range.\n");
    }
    return 0;
}
```

执行该程序输出如下信息：

Enter your test score:79(回车)

输出结果如下：

Your grade is C.

说明：

(1) 在本例中，首先将分数 score 除以 10，使分数范围缩小为 0～10 之间的离散值。score 的值为 79，对应(score/10)为 7，转去执行相应的 case 7 子句，执行 printf 语句后执行 break 语句，退出 switch 语句。

(2) case 后面可以没有语句序列。在本程序中，case 10 和 case 9 需要执行相同语句序列，这时 case 10 后面的语句可以为空。当(score/10)的值为 5、4、3、2、1、0 时，执行同一个语句。可见 case 常量相当于一个入口标号。

(3) 在 switch 语句中，通常在每个 case 子句的最后加一个 break 语句，否则，程序在执行完一个 case 子句后，将不退出 switch 语句，而继续执行下一个 case 子句。

【例 4.3.2】 编程实现两个实数的四则运算。如输入 26.3＋89.5，应输出
$$26.300000+89.500000=115.800000$$

分析： 本程序应根据运算符号'＋'、'-'、'＊'、'/'选择相应的运算，故属于多分支问题，可以用 switch 语句解决。

```c
#include <stdio.h>
int main()
{
    float x,y;                           //存放两个运算分量
```

```
        char op;                              //存放运算符
        printf("请输入运算式,运算符两侧不用加空格,并按回车:");
        scanf("%f%c%f",&x,&op,&y);
        switch(op)
        {   case '+':printf("%f + %f = %f\n",x,y,x+y); break;
            case '-':printf("%f - %f = %f\n",x,y,x-y); break;
            case '*':printf("%f × %f = %f\n",x,y,x*y); break;
            case '/':if(y == 0)
                        printf("除数为 0 无意义");
                     else
                        printf("%f ÷ %f = %f\n",x,y,x/y);
                     break;
            default: printf( "错误:输入的运算符无效!\n");
        }
        return 0;
}
```

说明：本程序中输入函数 scanf 的格式控制字符串是"%f%c%f",在输入数据时应按紧凑格式输入,即三个数据之间不要插入任何分隔符。如果不按上述规定输入数据,则无法正确输入数据。

应用 switch 语句可以实现多分支结构,但并不是所有多分支结构都适合使用 switch 语句,例如求一元二次方程根(例 4.2.7)就不适合使用 switch 语句。如果分支条件能表示成有限个离散值,使用 switch 语句将使程序变得简练、易读。

习题

一、问答题

1. 假定 a、b 和 c 都是 int 型变量,写出各代码片段的输出结果。

(1) a = 2; b = 3;
    c = a * b == 6;
    printf("%d", c);

(2) a = 3; b = 4; c = 5;
    printf("%d", a<b<c);
    printf("%d", c>b>a);

(3) a = 3; b = 2; c = 1;
    printf("%d", a<b == b<c);

(4) a = 3; b = 4; c = 5;
    printf("%d", a % b + a<c);

(5) a = 3; b = 4; c = 5;
    printf("%d", a<b || ++b<c);
    printf("%d, %d, %d", a, b, c);

(6) a = 7; b = 8; c = 9;
    printf("%d", (a = b) || (b = c));
    printf("%d, %d, %d", a, b, c);

(7) a = 1; b = 1; c = 1;
    printf("%d", ++a || ++b && ++c);
    printf("%d, %d, %d", a, b, c);

2. 若 a=1，b=2，c=3，分别执行下面两个代码片段，写出输出结果。

(1) if (a > c)
        b = c; a = c; c = b;
    printf("%d, %d, %d", a, b, c);

(2) if (a > c)
    { b = c; a = c; c = b;}
    printf("%d, %d, %d", a, b, c);

3. 填写下面程序的横线处，实现将两个数从大到小输出。

```
#include<stdio.h>
int main()
{
    float a, b, _____;
    scanf(_____, &a, &b);
    if (a < b)
    {   t = a;
        _____;
        b = t;
    }
    printf("%5.2f, %5.2f\n", a, b);
    return 0;
}
```

4. 下面两个 if 语句是否等价？如果不等价，为什么？

(1) if (score >= 90)
        printf("A");
    else if (score >= 80)
        printf("B");
    else if (score >= 70)
        printf("C");
    else if (score >= 60)
        printf("D");
    else
        printf("F");

(2) if (score < 60)
        printf("F");
    else if (score < 70)
        printf("D");
    else if (score < 80)
        printf("C");
    else if (score < 90)
        printf("B");
    else
        printf("A");

二、单选题

1. 若变量 c 为 char 类型,能正确判断出 c 为小写字母的表达式是( )。
   A. 'a'<=c<='z'
   B. (c>='a') || (c<='z')
   C. ('a'<=c) and ('z'>=c)
   D. (c>='a') && (c<='z')

2. 若整型变量 a,b,c 的值分别为 5,4,3,则执行语句 if(a>b>c)c++;后 c 的值是( )。
   A. 5   B. 4   C. 3   D. 2

3. C 语言用( )表示逻辑值"真"。
   A. true   B. 整数 1   C. 非 0 整数   D. 大于 0 的数

4. 若整型变量 a,b,c 的值分别为 2,3,−2,则逻辑表达式"a>0 && b && c<0"的值是( )。
   A. 1   B. 0   C. −1   D. 出错

5. 设 a 为整型变量,不能正确表达数学关系 10<a<15 的 C 语言表达式是( )。
   A. 10<a<15
   B. a==11 || a==12 || a==13 || a==14
   C. a>10 && a<15
   D. !(a<=10) && !(a>=15)

6. 下列关于 if 语句的描述中,错误的是( )。
   A. if 语句中可以没有 else if 子句,也可以没有 else 子句
   B. if 语句中只能有 1 个 else 子句
   C. if 语句中只能有不超过 5 个的 else if 子句
   D. if 语句中的条件可以是任意表达式

7. C 语言中,用于描述分支流程的条件( )。
   A. 可用任意表达式
   B. 只能用逻辑表达式或关系表达式
   C. 只能用逻辑表达式
   D. 只能用关系表达式

8. C 语言对嵌套 if 语句的规定是 else 语句总是与( )配对。
   A. 其之前最近的 if   B. 第一个 if
   C. 缩进位置相同的 if   D. 其之前最近的且尚未配对的 if

9. 下面程序运行后的输出结果是( )。

   ```
   #include<stdio.h>
   int main()
   {   int a=10, b=4, c=3;
       if(a<b) a=b;
       if(a<c) a=c;
       printf("%d,%d,%d\n",a,b,c);
       return 0;
   }
   ```

   A. 3,4,10   B. 4,4,3   C. 3,4,3   D. 10,4,3

10. 执行如下程序片段后,x 的值为(   )。

    int a = 14, b = 15, x;
    char c = 'A';
    x = (a && b) && (c <'B');

    A. true   B. false   C. 0   D. 1

11. 执行下面的程序段,输出结果是(   )。

    int k; k = -3;
    if (k <= 0) printf("####");
    else printf("&&&&");

    A. ####   B. &&&&
    C. ####&&&&   D. 语法错误,无输出结果

12. 运行以下程序,从键盘上输入 5,输出结果是(   )。

    #include <stdio.h>
    int main()
    {
        int x;
        scanf("%d",&x);
        if (x-- < 5)
            printf("%d", x);
        else
            printf("%d", x++);
        return 0;
    }

    A. 3   B. 4   C. 5   D. 6

13. 以下程序的输出结果是(   )。

    #include <stdio.h>
    int main()
    {
        int a = -1, b = 1;
        if ((++a < 0) && !(b-- <= 0))
            printf("%d, %d\n", a, b);
        else
            printf("%d, %d\n", b, a);
        return 0;
    }

    A. -1,1   B. 0,1   C. 1,0   D. 0,0

14. 有如下程序,该程序的输出结果是(   )。

    #include <stdio.h>
    int main()
    {
        float x = 2.0, y;
        if (x < 0.0) y = 0.0;
        else if (x < 10.0) y = 1.0/x;

```
        else y = 1.0;
        printf("%f\n", y);
    }
```
   A. 0.000000   B. 0.250000   C. 0.500000   D. 1.000000

15. 以下语法不正确的语句是（　　）。
    A. if（x>y）;
    B. if（x<y）{x++;y++;}
    C. if（x=y）&&（x!=0）x+=y;
    D. if（x!=y）scanf（"%d",&x）; else scanf("%d",&y);

16. 下面程序输出结果为（　　）。

```
#include<stdio.h>
int main()
{
    int x = 2, y = -1, z = 2;
    if (x < y)
        if (y < 0) z = 0;
        else z += 1;
    printf("%d\n",z);
    return 0;
}
```
   A. 3   B. 2   C. 1   D. 0

17. 若输入字符 B，以下程序的运行结果为（　　）。

```
#include<stdio.h>
int main()
{
    char grade;
    scanf("%c", &grade);
    switch(grade)
    {
        case 'A': printf(">=85");
        case 'B':
        case 'C': printf(">=60");
        case 'D': printf("<60");
        default: printf("error");
    }
    return 0;
}
```
   A. >=85   B. >=60   C. >=60<60error   D. error

18. 下列关于 switch 语句和 break 语句的说法中，正确的是（　　）。
    A. break 是 switch 语句中的一部分
    B. 在 switch 语句中可以根据需要使用或不使用 break 语句
    C. 在 switch 语句中必须使用 break 语句
    D. 以上三种说法有两个是正确的

三、编程题

1. 输入一个整数,判别它是奇数还是偶数。
2. 输入一个字符,如果是大写字母,转换成小写字母输出,否则按原样输出。
3. 输入一个不超过 4 位的整数,确定这个数的位数并输出。提示:利用 if 语句进行数的判定。如果数在 0~9 之间,位数为 1;如果数在 10~99 之间,位数为 2;依此类推。
4. 输入 24 小时制的时间,输出 12 小时制的格式。要求格式如下:

输入样例 21:22
输出样例 9:22 PM

提示:输入可使用 scanf("%d:%d",&hour,&minute);。

5. 输入两个日期,判断并输出哪个日期更早。要求日期格式为 mm/dd/yy。输入输出样例如下:

Enter first date (mm/dd/yy): 3/10/17
Enter second date (mm/dd/yy): 10/10/15
10/10/15 is ealier than 3/10/17

6. 输入 4 个整数,从中找出最大值和最小值并输出。要求尽可能少使用 if 语句。
7. 输入三角形三条边的长度,判断是否构成三角形,是否直角三角形。
8. 输入员工的工作时间,计算并输出该员工的工资。公司规定每个雇员 40 小时以内的报酬为 10.00 美元/小时,超出 40 小时以外的按 1.5 倍工资付酬。
9. 根据分段函数 y=f(x) 的定义,输入 x,输出 y 的值。

$$f(x) = \begin{cases} 2x^3 - 1, & x \leqslant -1 \\ x^2, & -1 < x \leqslant 0 \\ \sqrt{x}, & 0 < x \leqslant 1 \\ 3x + 2, & x > 1 \end{cases}$$

10. 输入年、月、日三个整数值,计算并输出这一天是该年的第几天。
11. 输入某人的体重和身高,根据体重指数判断他属于何种体型。体重指数的计算公式为:体重指数 t=体重 w/(身高 h)^2,其中体重 w 以千克为单位,身高 h 以米为单位。而体重指数对肥胖程度的划分是:当 t 小于 18 时为体重偏轻;当 18≤t<25 时为体重正常;当 25≤t<27 时为体重超重;当 t≥27 时为肥胖。

第 5 章 循环结构程序设计

CHAPTER 5

循环结构是程序中用得最多的一种控制结构,大多数程序都要用到循环,它是解决许多问题的基本方法,特别是涉及一组数据处理问题,例如,1~100 的所有整数累加求和,找出 10000 以内的所有素数,输入并计算某课程的全班平均成绩等。

循环结构一般由循环初始化、循环条件、循环体三个部分组成。其中,循环初始化提供初始数据,为循环条件提供初值;循环条件描述了重复操作需要满足的条件,条件成立执行循环体,条件不成立则终止循环;循环体是要重复执行的语句,它包含了对循环条件的控制,为下一次执行循环体准备数据。一般来说,每一次循环操作都有循环趋于结束的语句,否则,将会出现"死循环",即循环永不终止。

C 语言提供了三种循环语句:for 语句、while 语句和 do…while 语句。for 语句适合计数变量递增或递减的循环,while 语句在循环体执行之前测试循环条件,do…while 语句在循环体执行之后测试循环条件。此外,break 语句、continue 语句和 goto 语句可以改变循环的执行流程。熟练掌握循环语句的概念和运用是程序设计的基本要求。

5.1 for 语句

for 循环称为计数型循环,特别适合描述循环次数已知的循环。

for 语句的语法格式如下:

for(表达式 1;表达式 2;表达式 3)
    循环体

for 循环执行过程如图 5.1.1 所示,执行流程描述如下:

(1) 计算表达式 1;
(2) 计算表达式 2,若其值非 0,则执行循环体语句,然后执行步骤(3);若其值为 0,则退出循环,转向步骤(5);
(3) 计算表达式 3;
(4) 转向步骤(2)继续执行;
(5) 执行 for 循环的后续语句。

说明:
(1) 通常根据某个变量的值判断是否继续循环,该变

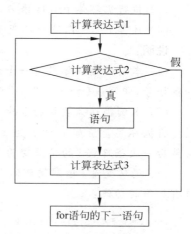

图 5.1.1 for 循环流程图

量称为循环控制变量,简称循环变量。

(2) 表达式1通常用于给循环控制变量赋初值,在循环结构中仅被执行一次。

(3) 表达式2是循环是否继续的条件,通常为关系表达式或逻辑表达式,也可以是算术表达式,当表达式2的值非0时执行循环体,否则结束循环。

(4) 表达式3通常用于更新循环控制变量的值,使循环条件发生变化。

(5) 循环体是循环结构的主体,表达要重复执行的操作,如果循环体多于一个语句,必须用花括号{}把它们括起来,形成复合语句。循环体也称为for语句的内嵌语句。

(6) 表达式1、表达式2、表达式3都可以省略,但是for中两个分号不能省略。如果省略表达式2,则默认表达式2为真值,必须在循环体中设计其他停止循环的语句。

for语句的最简单应用也是最容易理解的形式是使用循环变量,用循环变量的初值、终值、循环变量的增量来决定循环的执行。

【例5.1.1】 绘制5条直线,每条直线由4个"—"符号组成。

分析:本例需重复输出5条直线,因此,循环体为输出一条直线的语句,循环体共执行了5次。

程序代码如下:

```
# include <stdio.h>
int main()
{
    int i;
    for(i=1;i<=5;i=i+1)
        printf("----");
    return 0;
}
```

本例中for语句的执行过程如下:

(1) 计算i=1,给循环控制变量i赋初值1;

(2) 计算i<=5,当该值为非零时执行步骤(3),否则循环结束;

(3) 执行循环体printf语句,输出字符串常量"----";

(4) 计算i=i+1,使循环变量增值1,然后转到步骤(2)。

说明:

(1) 本例的循环体只有一个语句,可以不加花括号{}。有时为求编程风格的一致性,也加花括号,即写成{ printf("----");}。

(2) 本例循环体共执行5次,循环变量i的初值为1,循环条件是i<=5,终值为5,每次循环将循环变量值加1(步长为1)。即i的值为1,2,3,4,5时,满足循环条件,执行循环体,而最后一次循环将i的值改变为6,不再满足循环条件,循环结束。

(3) 循环变量i控制循环体重复执行的次数,可以有多种表示形式。以下几种形式的语句有相同的功能:

```
for(i=1;i<=5;i++) printf("----");
for(i=5;i>=1;i--) printf("----");
for(i=10;i<15;i++) printf("----");
for(i=1;i<=10;i=i+2) printf("----");
```

常见的编程错误如下：
(1) 在 for 语句的()中误将逗号代替分号；
(2) 在 for 语句的()后误加分号，写为

```
for(i = 1; i <= 5; i = i + 1);
    printf("----");
```

使得循环体成为一条空语句，而 printf 语句是循环的后续语句。这没有语法错误，但给程序带来逻辑错误。

【例 5.1.2】 累加求和。求 1～100 中所有偶数之和，即求 2+4+6+…+100 的值。

分析：欲求 2+4+6+…+100 的值，若不考虑直接用等差数列求和公式，而是逐项相加，则应执行下列语句序列：

```
int sum = 0;                //sum 的初值为 0
sum = sum + 2;              //sum 的值为 2
sum = sum + 4;              //sum 的值为 2+4 的和 6
sum = sum + 6;              //sum 的值为 2+4+6 的和 12
…                           //省略 46 条语句
sum = sum + 100;            //sum 的值为 2+4+6+…+98+100 的和 2550
```

不难看出，该语句序列有 50 条语句，做相似的操作，即 sum=sum+i，每次 i 的值不同，以 2 为步长从 2 逐次增加到 100。因此循环体应为 sum=sum+i，循环 50 次，循环变量 i 的初值为 2，终值为 100，步长值为 2，程序代码如下：

```
#include <stdio.h>
int main()
{
    int i, sum = 0;                 //变量 sum 用于存放累加和，也称为累加器
    for (i = 2; i <= 100; i = i + 2)  //循环变量 i 的值控制循环的执行
    {
        sum = sum + i;              //累加当前 i 值，置于变量 sum
    }
    printf("sum = %d\n", sum);      //输出计算结果
    return 0;
}
```

运行结果如下：

sum = 2550

说明：本例使用了一个常用算法——累加法，每次循环从累加器变量 sum 中取值，并与变量 i 相加，计算结果再保存到累加器变量 sum 中。重复执行，实现数据的累加。

【例 5.1.3】 计算平均值。从键盘输入人数，以及参加体检的每个人体重(公斤)，计算出他们的平均体重。

分析：用 for 循环解决问题首先确定两点：需要重复执行的内容(确定循环体包含的语句)和循环体重复执行的次数(确定循环变量的变化规律)。在本例中每输入一个体重值就应累加到总和中，因此输入语句和累加语句需要重复执行，为循环体；重复次数为参加体检的人数。

程序代码如下:

```c
#include <stdio.h>
int main()
{
    int i, num;                          //i 为循环控制变量,num 为人数
    float weight, total = 0.0, avg;      //total 用于存放体重的累加和,初值为 0
    printf("请输入参加体检人数:");
    scanf("%d" ,&num);
    printf("请输入体重(kg): ");
    for(i = 1;i <= num;i++)              //循环变量从初值 1 到终值 num,控制循环次数为 num
    {
        scanf("%f",&weight);             //输入
        total = total + weight;          //累加
    }
    avg = total/num;
    printf("avg = %5.1fkg\n",avg);
}
```

运行结果如下:

请输入参加体检人数:12(回车)
请输入体重(kg): 50 55 56 60 65 77 80 67 70 85 82 54(回车)
avg = 66.8kg

说明:本程序中的循环体包括两个语句,需要用大括号括起来,形成复合语句块。若无大括号{ },则 for 语句的循环体只到 for 后第一个分号处。即循环体只是"scanf("%f",&weight);"语句,"total=total+weight;"语句为循环的后续语句,循环结束后才会执行。

【例 5.1.4】 编一程序,求阶乘的值。

分析:n!=1×2×3×…×n,求 n 的阶乘可通过 n 次重复地执行乘法操作实现。

```c
#include <stdio.h>
int main()
{
    int i,n;
    double fac = 1;                      //定义 fac 并赋初值 1
    printf("Enter a positive integer: ");
    scanf("%d",&n);
    for(i = 1;i <= n;i++)
        fac = fac * i;                   //fac 存储当前积,每次乘 i
    printf("%d!= %.0f\n", n, fac);       //%.0f 表示不输出小数点后部分
}
```

运行结果如下:

Enter a positive integer:10(回车)
10!= 3628800

说明:如果将变量 fac 定义为整型或长整型,当 n 的值超过 17 时,17! 值为 355687428096000,超过长整型数范围,将产生数据溢出错误,故将 fac 定义为 double 型。

【例 5.1.5】 找符合要求的数。输出 100 至 9999 中所有个位数与百位数之和为 9 的

整数,要求每行输出 10 个整数。

分析:对指定范围 100~9999 之间的整数,逐一分别求出其个位数和百位数,并判断它们的和是否等于 9,如果是则将其输出。为了满足每行输出十个数的要求,需要用变量 count 进行计数。程序代码如下:

```c
#include <stdio.h>
int main()
{
    int i,ge,bai,count = 0;
    for(i = 100;i <= 9999;i++)       //循环变量从 100 到 9999
    {
        ge = i%10;                    //取得 i 的个位数值
        bai = i/100%10;               //取得 i 的百位数值
        if(ge + bai == 9)
        {
            printf("%7d",i);          //按 7 个字符位、右对齐形式输出
            count++;                  //每输出一个数,count 加 1
            if(count%10 == 0)
                printf("\n");         //每输出 10 个数,换行
        }
    }
    return 0;
}
```

说明:

(1) 本例在指定范围内找符合要求的数,循环控制变量 i 的初值和终值是指定的范围,循环体逐个检查每个数是否符合要求;

(2) 注意"count++;"是 if(ge+bai==9) 的内嵌语句,当满足条件时,用变量 count 统计已输出的数据个数,并根据 count 值决定输出是否换行。

【例 5.1.6】 素数判定。判断从键盘输入的自然数 m(大于 1)是否为素数。

分析:素数是指除了 1 和它本身外,不能被任何整数整除的正整数。例如 2,3,5,7,11,13 等均为素数。

根据素数定义,要判断 m 是否素数,可以检测 m 能否被 2、3、…、m-1 整除,若 m 能被其中任一个数整除,则 m 不是素数,否则 m 是素数。程序中使用标志变量 flag,置初值为 1,如果在检测过程中,找到能整除 m 的数,则置 flag 为 0。循环结束后,根据标志变量 flag 的值为 1 或 0,得到判定结果。

```c
#include <stdio.h>
int main( )
{
    int i,m,flag = 1;
    printf("请输入正整数 m:");
    scanf("%d",&m);
    for(i = 2;i <= m - 1;i++)         //检测 2~m-1 之间的每个整数
        if(m%i == 0)                   //判断 i 是否能整除 m
        {
            flag = 0;                  //设置标志为 0
```

```
            i = m;                    //改变循环变量i,提前退出循环
        }
    if(flag == 1)
        printf("%d 是素数\n",m);
    else
        printf("%d 不是素数\n",m);
    return 0;
}
```

运行结果如下:

请输入正整数 m: 19(回车)
19 是素数

说明:

(1) 循环体中改变循环变量 i,赋值为 m,目的是使得下次判断循环条件 i≤m-1 时不满足,从而结束循环。因为只要找到了一个 m 的因子,已经可得到判定结果,无需进行后续的检测。请思考,如何没有语句"i=m;",是否能正确判定素数呢?

(2) 实际上,要判断 m 是否为素数,检测可能的因子范围可以缩小为 2~[sqrt(m)],其中[sqrt(m)]表示不超过 sqrt(m)的最大整数。使用 m-1 或 sqrt(m)作为循环控制变量的终值,程序都能获得正确的结果。

【**例 5.1.7**】 近似计算。利用近似计算公式 $\pi/4 \approx 1-1/3+1/5-1/7+\cdots$,求 π 的近似值,精确到最后一项的绝对值小于 10^{-6} 为止。

分析: 这是一个近似求解问题,也是一个求部分级数和的问题。解决这类问题时,首先要分析级数公式的特点,找出每项的规律性。即前后项之间的关系,怎样用前项求出后项,这样才能用循环结构求解。本例中,级数的各项都是分数,分子都是 1,分母逐次递增 2,并且各项的符号正、负相间。这里用 n 表示每项 t 的分母值,s 表示每项 t 的正负符号。sum 代表累加器。求和项数决定于最后一项的绝对值是否小于 10^{-6}。

```c
#include <stdio.h>
#include <math.h>
int main()
{
    int s = 1;                        //存放正负符号
    float n, t, sum, pi;              //n 为分母,t 为项
    for(n = 1, t = 1, sum = 0.0; fabs(t) >= 1e-6; )
    {
        sum = sum + t;                //累加
        n = n + 2;                    //修改分母
        s = -s;                       //符号翻转
        t = s/n;                      //求出新的一项
    }
    pi = sum * 4;
    printf("pi = %f\n",pi);
    return 0;
}
```

运行结果如下:

```
pi = 3.141594
```

说明：

(1) for 语句中的表达式 1 使用了逗号运算符，把三个赋值运算连接成一个表达式，使得能给 3 个变量赋初值。

(2) 循环控制变量 t 的值已经在循环体中更新，没有给出表达式 3，但两个分号不可少否则将产生语法错误。同理，表达式 1 和表达 2 也可以缺省，但缺省时表达式 1 之后的分号也不能省略，可以有 for(;;)的形式。

(3) 本示例循环体的循环次数事先并不知道，仍然可以使用 for 循环结构实现循环。可见 for 循环结构不仅适用于循环次数已知的计数型循环，也可灵活应用于更一般的循环。

5.2 while 语句

如果不知道循环重复执行次数，根据某个条件是否成立决定是否循环，可以使用 while 语句，称为"当型"循环结构。其语法格式如下：

```
while (表达式)
    语句
```

其中，表达式称为循环条件，可以是任意表达式，决定循环是否继续；语句称为循环体，是循环结构要重复执行的语句，可以是一个语句，或用花括号括起来的复合语句。

while 语句的执行过程可用流程图 5.2.1 表示。先计算表达式的值，如果其值非 0，则执行循环体；否则循环结束，转向执行循环结构的后续语句。循环体语句执行后，再转向计算表达式的值，如此反复，直至退出循环。

使用 while 循环语句时应注意以下 3 点：

(1) 当循环体由多个语句构成时，必须加花括号把循环体当作复合语句块。

(2) while 循环结构先进行条件判断，后执行循环体。如果循环条件一开始就不成立(表达式的值为 0)，则循环体一次都不执行。

(3) 循环体中必须有改变循环条件的语句，否则循环不能终止，形成无限循环(也称"死循环)。

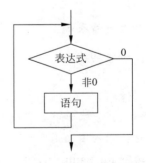

图 5.2.1 while 语句流程图

当事先未知循环次数，需要根据条件决定循环时，使用 while 语句更直观，比 for 语句更加简练。事实上，while 语句可以改写为 for 语句形式：

```
while(表达式)语句
```

相当于：

```
for(表达式)语句
```

同样地，for 语句也可以改写为 while 语句形式：

for(表达式1;表达式2;表达式3)语句

相当于:

表达式1;
while(表达式2)
{
    语句
    表达式3;
}

【例5.2.1】 计算1+2+3+…直至累加和超过100,停止求和。输出累加和以及最后一个加项n。

分析:本例和例5.1.2类似,也是累加求和,但未指明该加到哪个数为止,即事先不知循环次数,但循环条件已知,当累加和超过100结束循环,可以用while语句来实现。

```c
#include <stdio.h>
int main()
{
    int i,sum = 0;
    i = 1;
    while(sum <= 100)
    {
        sum = sum + i;
        i = i + 1;
    }
    printf("sum = %d\ni = %d\n", sum, i-1);
    return 0;
}
```

运行结果如下:

sum = 105
i = 14

注意:

(1) 循环体中必须包含更新循环控制变量的语句,且该语句出现在合适的位置。如果循环体中没有语句"i=i+1;",i的值始终为1,循环无法终止;如果把语句"i=i+1;"放在语句"sum=sum+i;"之前,则程序的功能将变为求2+3+…+n+1的值。

(2) 请思考,输出最后一个加项是i-1,而不是i,为什么?

【例5.2.2】 从键盘输入一组整数,以输入0作为结束,找出这组数中的最小值。

分析:在若干个数中求最小值,一般要先假设一个较大的数为最小值的初值。若无法估计较大的值,则将第一个输入数视为最小值min,然后将每一个输入数与min比较,若该数小于min,则将该数替换为最小值。由于事先不知道要输入多少个数据,循环次数不能确定,故把"输入数据为0"作为结束循环的条件。程序代码如下:

```c
#include <stdio.h>
int main()
{
```

```
    int k,min;
    printf("请输入一组整数(以 0 结束):");
    scanf("%d",&k);              //输入第一个数据
    min = k;                     //假定它是最小数
    while(k!=0)                  //当输入的数据不等于 0,继续循环
    {
        if(min>k)                //若新输入的数据比原来假定的最小数更小
            min = k;             //更新 min,使 min 保存当前的最小数
        scanf("%d",&k);          //继续读入下一个数据
    }
    printf("\nmin = %d\n",min);
    return 0;
}
```

运行结果如下:

请输入一组整数(以 0 结束):-1 63 35 87 -10 238 -8 1000 0(回车)
min = -10

说明:

(1) 对每个输入数据 k,先判断是否为 0,当 k 不为 0 时,才执行循环体。
(2) 循环条件 while(k!=0)也可以写成 while(k)。同理,while(!x)和 while(x==0)等价。
(3) 进入循环结构前循环体先作比较,再读入下一个数值,顺序不能颠倒。

【例 5.2.3】 输入两个正整数 m 和 n,求其最大公约数。

分析: 两个正整数 m 和 n 的最大公约数一定是小于或等于 m 和 n 的整数。可以利用穷举法,从 m～1 依次测试每个数能否同时除尽 m 和 n,第一个能同时除尽 m 和 n 的数就是 m 和 n 的最大公约数。

```
#include<stdio.h>
int main()
{
    int m,n,t,r;
    printf("请输入 m 和 n:");
    scanf("%d%d",&m,&n);
    r = m;                       //r 的初值取 m 的值
    while(n%r || m%r)            //若 r 不是 m 和 n 的公约数
        r = r-1;                 //r 减 1,进行下一次检测
    printf("最大公约数为%d\n",r);
    return 0;
}
```

运行结果如下:

请输入 m 和 n:27 18(回车)
最大公约数为 9

【例 5.2.4】 编一程序,判断正整数 m(大于 1)是否素数。(题目同例 5.1.6)

分析: 再来解决素数判定问题。从 2、3、…逐个去找 m 的因子。循环会结束,因为 m 的

因子必然会找到。如果 m 不是素数,找到的整除因子必然在 2～m−1 之内;如果 m 是素数,那么,找到的整除因子是 m 自己。因此,根据循环结束时变量 i 的值,可判定 m 是否素数。

```c
# include <stdio.h>
int main()
{   int i,m;
    printf("请输入要判别的正整数 m:");
    scanf("%d",&m);
    i = 2;                         //i 从 2 开始
    while(m%i) i++;                //若 i 是 m 的因子,则 m%i==0,结束循环
    if(i<m)                        //如果 i<m,表示 2～m−1 范围内存在 m 的因子
        printf("%d 不是素数\n", m);
    else                           //若 i 等于 m,即循环找到 m 的因子就是 m 自己
        printf("%d 是素数\n", m);
    return 0;
}
```

【例 5.2.5】 猜数游戏程序。下面程序利用随机函数产生一个随机数,让用户反复猜测,直到猜对为止,程序能提示猜数范围,并统计猜数次数。

分析:当用户猜的数与随机数不一致时,需要重复地猜,由此可设计循环的条件。

```c
# include <stdio.h>
# include <stdlib.h>
# include <time.h>
int main()
{
    int guess,magic,k = 0;                  //k 用于统计猜数次数
    srand(time(0));                         //用系统时间初始化随机函数
    magic = rand()%100;                     //产生一个 0 到 99 的随机整数
    while( guess!= magic)                   //用户输入的猜数和程序产生的随机数比较
    {
        printf("请猜数:");
        scanf("%d",&guess);                 //输入猜数
        k++;                                //统计猜数次数
        if(guess>magic)printf("大了!\n");   //提示猜数范围
        if(guess<magic)printf("小了!\n");   //提示猜数范围
    }
    printf("你猜对了!共猜了%d 次\n",k);
    return 0;
}
```

说明:rand()为随机函数,其函数值由系统随机产生,不取决于函数参数。rand()函数值范围为 0～32767。srand()为 rand()进行初始化,使每次产生的随机函数序列不同。time(0)是当前系统时钟函数。srand()函数和 rand()函数在 stdlib.h 文件中声明,time()函数在 time.h 文件中声明。

阅读程序后,请思考进入该猜数游戏,如何能最快猜中,即猜数次数最小。

5.3 do…while 语句

do…while 语句的作用和 while 语句相似,不同之处是 while 语句是先判断条件后执行循环体,有可能一次也不执行循环体;而 do…while 语句是先执行循环体后判断条件,循环体至少执行一次,称为"直到型"循环。其语法形式如下:

```
do
    循环体
while(表达式);
```

do…while 语句的执行过程可用流程图 5.3.1 表示:先执行循环体,然后再计算表达式的值,若表达式的值为非 0,则再次执行循环体,如此反复,直到表达式的值等于 0 为止,此时循环结束。

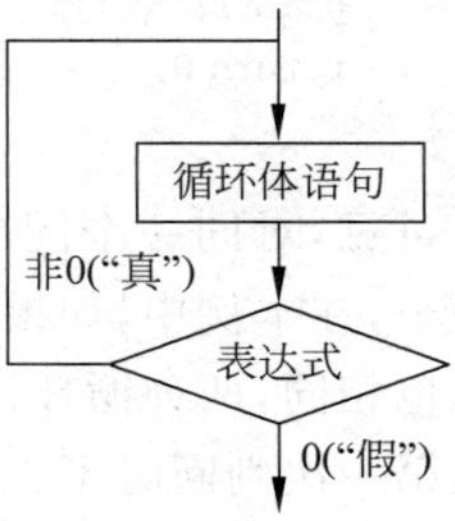

说明:

(1) 和 while 语句一样,循环体是一个语句或是用花括号把多个语句括起来的复合语句块;

(2) 表达式称为循环条件,可以是任何表达式;

(3) while(表达式)后面必须有分号,表示 do…while 语句到此结束。

图 5.3.1 do…while 流程图

【例 5.3.1】 输入一个整数(≥0),将其各位数字按逆序输出,例如输入 123,输出 321。

分析: 将一个大于等于 0 的整数的各位数字逆序输出,即先输出其个位,然后输出十位、百位、……。可以采用循环结构,取余数再除以 10,直到该数等于 0 为止。程序代码如下:

```c
#include <stdio.h>
int main()
{
    int num, i;
    printf("请输入一个整数(≥0): ");
    scanf("%d", &num);
    do {
        i = num % 10;                //取得当前最低位
        printf("%d", i);
        num = num/10;                //将 num 除以 10,为下次循环做准备
    } while(num != 0);
    printf("\n");
    return 0;
}
```

运行结果:

请输入一个整数(≥0):6189(回车)
9816

不妨与用 while 语句实现的程序代码进行比较:

```c
# include < stdio.h >
int main( )
{
    int num, i;
    printf("请输入一个整数(≥0): ");
    scanf("%d", &num);
    while(num!= 0)
    {
        i = num % 10;                    //取得当前最低位
        printf("%d", i);
        num = num/10;                    //将 num 除以 10,为下次循环做准备
    }
    printf("\n");
    return 0;
}
```

可见,对同一个问题用 while 语句或 do…while 语句都能够处理。但要注意细微的区别在于,在本例中,如果输入的是正整数,while 语句的条件(num!=0)第一次值为非 0,循环体也相同,两种循环语句得到的结果是相同的。但是,如果输入 0,while 语句的条件表达式在第一次判断时不成立,不执行循环体,而 do…while 语句先执行循环体再判断条件是否成立,至少执行一次循环体,将输出 0。因此,只有 do…while 语句的程序符合题意。

【例 5.3.2】 编写程序。现需要募集慈善基金 10000 元,有若干人捐款,每输入一个人的捐款数后,就输出当前的捐款总额。当某一次输入捐款数后,总和达到或超过 10000 元,即宣告结束,输出最后的捐款总额。

分析:本例的循环判断条件为捐款总额是否达到 10000 元,循环体包括输入某人捐款数值、输出当前的捐款总额,即累加和。按题意,第一个人的捐款无论是否超过 10000 元(循环条件),都需执行输出,则宜采用 do…while 结构,先执行循环,再检查此时的累加值是否达到或超过 10000 元。如果未达到,继续循环;如果达到了,循环结束。程序代码如下:

```c
# include < stdio.h >
int main()
{
    float amount, sum = 0;
    do{
        printf("Input the amount:");
        scanf("%f", &amount);
        sum += amount;
    }while(sum <= 10000);
    printf("The sum is %f\n", sum);
    return 0;
}
```

注意:这里表达式"(sum<=10000);"是循环继续的条件,而不是循环结束的条件。不要误将语句写作"do{…}while(sum > 10000);"。

【例 5.3.3】 编写程序,实现电文加密。输入一行字符,要求输出其相应的密码。

分析:为使电文保密,往往按一定规律将原文转换成密码,收报人再按约定的规律将密码译回原文。恺撒加密算法是一种简单的替换加密算法。即字母表中的每个字母都由其后

面第 K 个字母替换(超过字母表尾字母之后,则从首字母开始)。K 值就是这种加密算法的密钥。例如,当 K=4 时,可以按以下规律将电文变成密码:将字母 A 变成字母 E,a 变成 e,即变成其后的第 4 个字母,W 变成 A,X 变成 B,Y 变成 C,Z 变成 D,如图 5.3.2 所示。字母按上述规律转换,非字母字符不变。如输入原文:It is a secret! 则输出密文:Mx mw e wigvix!。

程序代码如下:

图 5.3.2 恺撒加密算法示意图

```
# include < stdio.h >
int main( )
{
    char ch;
    do
    {
        ch = getchar( );                              //输入一个字符
        if((ch> = 'A' && ch< = 'Z') || (ch> = 'a' && ch< = 'z'))   //如果 ch 是字母
        {
            ch = ch + 4;                              //转换成其后第 4 个字母
            if(ch>'Z' && ch< = 'Z' + 4 || ch>'z')
                ch = ch - 26;
        }
        putchar( ch );                               //输出一个字符
    }while(ch!= '\n');
    return 0;
}
```

运行结果如下:

It is a secret!(回车)
Mx mw e wigvix!

说明:

(1) 程序中对输入的每个字符按以下方法处理:先判定它是否英文字母,若是则将其值加 4;如果加 4 以后字符值大于'Z'或'z',则表示原来的字母在 V(或 v)之后,应按图 5.3.2 所示的规律将它转换为 A~D(或 a~d),即使字符变量 ch 的值减 26。

(2) 语句"if(ch>'Z' && ch<='Z'+4 || ch>'z') ch=ch-26;"对"ch=ch+4"后其值大于'Z'或'z'时做求模处理。其中小写字母超过 z 的判断应为"ch>'z' && ch<='z'+4",而程序只写成"ch>'z'",因为第二个关系表达式省略对整个条件并不影响。但是,如果写作"if (ch>'Z' || ch>'z')",则无法正确判断,因为小写字母都满足"ch>'Z'",从而错误地执行"ch=ch-26;"。

从以上实例可以看出,三种循环语句可以用来处理同一问题,一般情况下,可以互相代替,使用哪种语句,完全是编程者的习惯。如果明确循环执行次数,不妨使用 for 语句;如果不能确定循环体至少执行一次,不妨使用 while 语句;如果先判断后执行循环条件判断,使用 do…while 语句更合适。

5.4 循环的嵌套

如果循环结构的循环体内又包含另一个循环语句,则形成了循环嵌套,前一个循环称为外循环,后一个称为内循环。内循环中还可以再嵌套循环,形成多重循环嵌套,也称多重循环。在实际应用中,三种循环语句都可以互相嵌套。

在使用循环嵌套时,被嵌套的是一个完整的循环结构,两个循环结构不可能相互交叉。

【例 5.4.1】 打印九九乘法口诀表。

分析:打印九九乘法口诀表,利用两重循环的循环控制变量作为被乘数和乘数,即外循环用 i 作为循环控制变量,控制乘法表行的变化。在每一行中,内循环控制变量 j 控制该行中列的变化,从而显示所有的乘法公式(即行号乘以列号等于行列号的乘积)。程序代码如下:

```
#include <stdio.h>
int main()
{
    int i, j;
    printf("\t\t\t\t乘法口诀表\n");
    for(i=1;i<=9;i++)                           //外循环输出9行
    {
        for(j=1;j<=9;j++)                       //内循环每行输出9列
            printf("%d*%d=%d\t",i,j,i*j);       //输出乘法口诀
        printf("\n");                           //每输出一行后换行
    }
    return 0;
}
```

程序执行流程如图 5.4.1 所示。

注意:

(1) 从外循环开始执行,每执行外循环一次,通过执行内循环,打印乘法表的一行。例如,当 i=1 时,内循环变量 j 从 1 变到 9,执行内循环体 9 次,输出 9 个乘法公式 1*j。然后,外层循环控制变量 i 变为 2,执行第 2 次循环,内循环变量 j 再次从 1 变到 9,又重复执行内循环体 9 次,输出 9 个乘法公式 2*j。

(2) 每行打印完后,执行语句"printf("\n");",实现换行。换行操作必须放在外层循环之内,内层循环之外,以便在每次内层循环执行结束后换行。

(3) 内、外层循环的循环控制变量不能同名。

通过乘法口诀表执行过程流程图,可清楚地看到多重循环执行时各循环控制变量的变化情况。乘法口诀表运行结果如图 5.4.2 所示。请思考,如何修改程序,输出如图 5.4.3 所示乘法表。

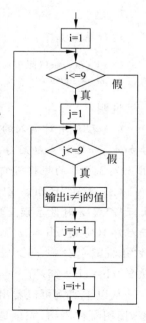

图 5.4.1 二重循环流程图

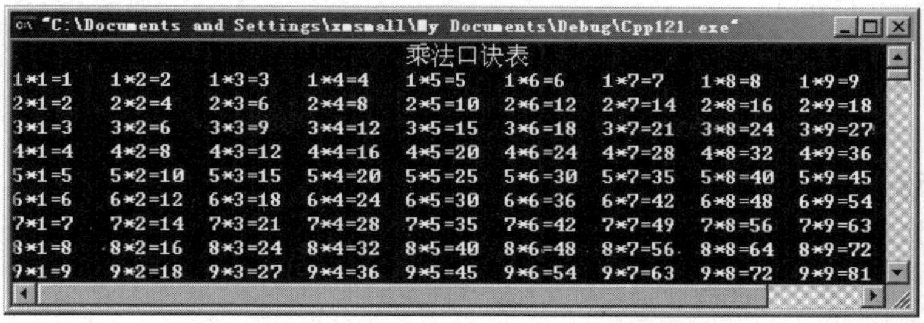

图 5.4.2 乘法口诀表运行结果

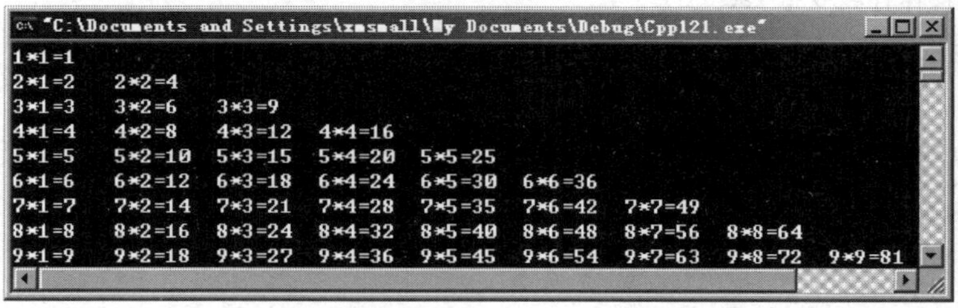

图 5.4.3 呈下三角乘法口诀表

【例 5.4.2】 编写程序，显示如下规则图案。

```
        *
       * *
      * * * * *
     * * * * * * *
    * * * * * * * * *
```

分析：这是二重循环编程练习的经典示例。为了得到该图形，按行输出，每行由若干个空格和若干个 * 字符构成。这需要两重循环实现，外层循环控制行，内层循环控制输出字符的个数。通过观察，图形中每行的空格数和 * 字符数如下：

i 行	空格数	字符 * 个数
1	4	1
2	3	3
3	2	5
4	1	7
5	0	9

即第 i 行的空格数为 5−i 个，第 i 行的字符 * 个数为 2i−1 个。程序代码如下：

```c
#include <stdio.h>
int main()
{
    int i,j;
    for(i = 1;i <= 5;i++)                               //共输出 5 行
    {
        for(j = 1;j <= 5 - i;j++) putchar(' ');         //输出每行星号前的空格
        for(j = 1;j <= 2 * i - 1;j++) putchar('*');     //输出每行的星号
```

```
            printf("\n");                                    //每输出一行后换行
    }
    return 0;
}
```

【例 5.4.3】 求 1！+2！+3！+4！+…+10！的值。

分析：本问题属累加求和问题，与 1+2+…+10 相似，但每次累加的不是自然数，而是自然数的阶乘。先将题目分解为下面程序块：

```
for(n = 1;n <= 10;n++)
{
    计算 n!，保存在变量 fac
    sum = sum + fac
}
```

将例 5.1.4 程序的求 n！代码作为本程序循环体的一部分，完善整个程序：

```
#include <stdio.h>
int main()
{   int i,n;
    float fac,sum = 0;
    for(n = 1;n <= 10;n++)
    {
        fac = 1;
        for(i = 1;i <= n;i++)                              //内层循环完成 n!的计算
            fac = fac * i;
        sum = sum + fac;
    }
    printf("%.0f\n",sum);
}
```

程序运行结果为 4037913。

5.5　break 语句和 continue 语句

在循环结构的循环体中，能够使用 break 语句和 continue 语句控制循环的流程，其中 break 语句从循环体中退出，提前结束循环；continue 语句中止本次循环，跳过循环体中余下尚未执行的语句，转向下一次循环是否执行的循环条件判断。

1. break 语句

在 4.3 节中，用 break 语句可以结束 switch 结构。break 语句还可以从循环体内跳出，提前结束循环。在循环体中，break 语句通常是作为选择语句的内嵌语句，而不单独使用（单独使用没有意义）。当选择语句的条件成立时执行 break 语句，退出循环结构，从而使循环结构增加一个出口，其执行过程如图 5.5.1 所示。

break 语句使得循环结构多了一个出口，这违背了结构化程序设计每个基本结构只能有一个进口和一个出口的基本原则，有可能使程序的可读性降低。但有些场合适当地使用 break 语句，会使程序简化或提高程序的运行效率。建议谨慎使用 break 语句。

注意，break 语句除了作为循环语句和 switch 语句的内嵌语句之外，不能出现在程序的

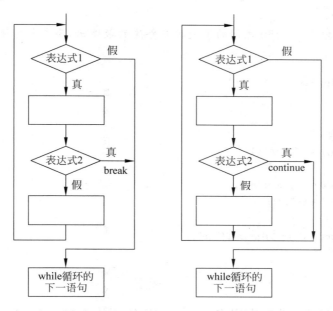

图 5.5.1 break 和 continue 语句流程图

其他位置。

【例 5.5.1】 编写程序,判断正整数 m(大于 1)是否素数。

程序代码如下:

```
#include <stdio.h>
int main()
{
    int i,m;
    printf("请输入要判别的正整数 m:");
    scanf("%d",&m);
    for(i = 2;i <= m - 1;i++)
        if(m % i == 0) break;          //若 i 是 m 的因子,提前退出循环
    if(i > m - 1)                       //如果 i>m-1,循环未提前退出
        printf("%d 是素数\n",m);
    else                                //如果 i<=m-1,循环提前退出
        printf("%d 不是素数\n",m);
}
```

5.1 节和 5.2 节都解决过素数判定问题,还可以使用 break 语句来实现。这里,可以根据循环结束的两种不同情况,即因 break 提前结束,或循环条件不满足而结束,能够判断 m 是否为素数。

2. continue 语句

continue 语句的作用为结束本次循环,即跳过循环体中 continue 语句后面尚未执行的语句,接着进行下一次循环条件判定。在循环体中,continue 语句通常也是作为某个选择语句的内嵌语句,不单独使用。其流程如图 5.5.1 所示。

continue 语句和 break 语句的区别是 continue 语句只是结束本次循环,而 break 语句

则终止了整个循环。

【例 5.5.2】 把 100~150 之间的不能被 6 整除的数输出,要求每行输出 12 个数。
程序代码如下:

```c
#include <stdio.h>
int main()
{
    int n,count = 0;
    for(n = 100;n <= 150;n++)
    {
        if (n%6 == 0) continue;
        printf("%6d",n);
        count++;
        if(count%12 == 0) printf("\n");
    }
    return 0;
}
```

说明:当 n 能够被 6 整除时,执行 continue 语句,结束本次循环,即跳过输出语句,而 n 不能被 6 整除时,才执行输出及后续的语句。

当然,循环体也可以写作:

```c
for(n = 100;n <= 150;n++)
{
    if (n%6!= 0)
    {
        printf("%6d",n);
        count++;
        if(count%12 == 0) printf("\n");
    }
}
```

二者对比,不难理解 continue 语句的含义和作用。

5.6 goto 语句

goto 语句为转向语句,程序中使用 goto 语句时要求和语句标号配合,其语法格式如下:

goto 语句标号;
…
语句标号:语句;

其中,语句标号是一个标识符,可以放在程序中任意一个语句的前头,语句标号和语句之间用冒号分隔。语句标号的作用就像在 switch 语句中的 case 子句的常量一样,用于指定跳转的目标。语句附加语句标号的目的是为了从程序其他地方把流程转移到本语句而设置的标志,它仅对 goto 语句有意义。该语句被执行时,是否有标号不影响该语句的语义。

goto 语句的作用是将程序的执行流程转到语句标号所指定的语句。即执行 goto 语句后,程序转移到语句标号指定的语句继续执行。

C 语言规定,goto 语句的使用范围仅限于函数内部,即不允许在一个函数中使用 goto 语句把控制转移到该函数之外。如果执行 goto 语句时,指定的标号语句不存在,或存在一个以上同名的语句标号,则产生错误。

结构化程序设计方法不提倡使用 goto 语句,因为 goto 语句随意转向目标,使程序流程无规律、可读性差。在编程时尽量不要使用它。一般来讲,只有在需要迅速退出多层循环时,才使用 goto 语句。

【例 5.6.1】 用一个 goto 语句退出多层循环的示例。在 100 以内的三个数 i、j、k 中,找出满足 $i^2+j^2+k^2>100$ 的数(只要求找出其中一个)。

分析:用循环嵌套穷举出三个数 i,j,k 全部可能的组合,即通过循环嵌套让 i,j,k 遍历它们的取值范围 1 至 99。当找到一个满足要求的数时,退出所有循环。在这种情况下,若使用 break 语句,只能退出最内层的循环,而用 goto 语句,可以转向指定的标号处,直接退出三层循环。程序代码如下:

```
#include<stdio.h>
int main()
{
    int i,j,k;
    for(i=1;i<=99;i++)
        for(j=1;j<=99;j++)
            for(k=1;k<=99;k++)
                if(i*i+j*j+k*k>100) goto bottom;    //goto 语句退出三层循环
    bottom: printf("i=%d, j=%d, k=%d\n", i, j, k);
    return 0;
}
```

运行结果如下:

i=1,j=1,k=10

说明:本程序表明仅用一个 goto 语句可以退出多层循环。当需要退出多层循环时,若用 break 语句,则因为 break 语句只能退出本层循环,需要使用多个 break 语句来实现。

注意,使用 goto 语句可以从循环体内转向循环体外,但绝对不允许从循环体外转入循环体内。

5.7 常用算法举例

运用结构化程序设计的三种基本控制结构及其嵌套,再掌握一些程序设计的常用算法,就可以设计出具有一定功能的应用程序了。下面通过一些具体的应用实例,简单介绍常用算法的思想,并且用算法解决一些常见问题。

1. 累加法

程序设计中经常用累加法计算求和问题,这是一类常见的应用。在例 5.1.2 和例 5.1.7 中,利用加项与循环控制变量的关系设计循环体累加公式,然而有时还需观察前后加项的关系设计出简洁的累加项及累加公式。

【例 5.7.1】 利用公式 $e=1+1/1!+1/2!+1/3!+\cdots+1/n!+\cdots$ 计算无理数常量 e 的近似值,要求其误差小于 0.00001。

分析:这是一个近似求解问题,也是一个求部分级数和的问题,可用累加法。将求和公式中的每一项相加,直到某项值小于 10^{-5} 为止。这里把 $1/1!$ 作为第 1 项,$1/2!$ 作为第 2 项,则第 i 项 t_i 为 $1/i!$,第 i 项的值等于第 i−1 项 t_{i-1} 的值乘以 $1/i$。即 $t_i = t_{i-1}/i (i=1,2,3\cdots)$,其中 t 的初值为 1.0。

```c
#include<stdio.h>
int main()
{
    int i = 1;
    float e = 1.0, t = 1.0;            //t为累加项,初值为1
    while(t >= 1e-5)                   //某一项值小于10-5时退出循环
    {
        t *= 1.0/i;                    //第i加项=第i-1加项/i
        e += t;
        i++;
    }
    printf("e = %f\n",e);
    return 0;
}
```

运行结果如下:

e = 2.718282

2. 穷举法

穷举法又称枚举法,是最直观、最"笨"的一种程序设计方法。在现实世界中,有很多问题的解是隐藏在多个可能之中。穷举法就是分别列举出各种可能解,一一测试其是否满足条件。穷举法的基本思路是首先预估问题的求解范围,然后在此范围内将所有可能的解进行逐一验证,看它们是否为问题的解,从而最终找出符合条件的一个或一组解。当然,也可能得出无解的结论。事实上,若某个可能的解经过验证符合问题的全部条件,则该可能解就成为问题的一个解。若所有可能的解验证结果均不符合问题的全部条件,则说明该问题无解。能用穷举法解决的问题,其解结构一般为离散结构。

【例 5.7.2】 百元买百鸡问题。要用 100 元钱买 100 只鸡,已知公鸡每只 5 元,母鸡每只 3 元,小鸡 1 元 3 只。问 100 元可买公鸡、母鸡、小鸡各几只?

分析:设 x、y、z 分别代表所买的公鸡、母鸡和小鸡的数量,根据已知条件,可得出下列三元一次方程组:

$$\begin{cases} x+y+z=100(只) \\ 5x+3y+z/3=100(元) \end{cases} 即 \begin{cases} x+y+z=100 \\ 15x+9y+z=300 \end{cases}$$

这是三个未知数、两个方程的方程组,有无穷多组解,但问题要的是整数解。根据题意可知,x、y、z 的范围一定是 0~100 之间的非负整数,把 x、y、z 的可能值代入方程组,检验方程组是否能成立,若满足方程组则是一组解,这样即可得到问题的全部解。

程序代码如下:

```
#include <stdio.h>
int main()
{
    int x,y,z;
    for(x = 0;x <= 100;x++)
        for(y = 0;y <= 100;y++)
            for(z = 0;z <= 100;z++)
                if((x + y + z) == 100 && (15 * x + 9 * y + z) == 300)
                    printf("x = %d,y = %d,z = %d\n",x,y,z);
    return 0;
}
```

运行结果如下：

x = 0,y = 25,z = 75
x = 4,y = 18,z = 78
x = 8,y = 11,z = 81
x = 12,y = 4,z = 84

说明：

(1) 本程序用循环嵌套穷举出 x、y、z 全部可能的组合，即通过循环嵌套让 x、y、z 遍历它们的取值范围 0～100。这样循环的次数总计有 101 * 101 * 101 = 1030301 次。在内循环体用 if 语句来判定在取值范围的任一组 x、y、z 是否满足方程组。

(2) 1030301 次的循环对于当今 PC 机来说，也许算不了什么。但当计算规模进一步扩大时，算法的时间效率就应该考虑。根据题意，稍作分析就可知道，100 元钱不可能买 100 只公鸡，也不可能买 100 只母鸡，100 元钱最多只能买 20 只公鸡或 33 只母鸡，所以对于公鸡或母鸡循环 100 次是不必要的。因此，上面程序可优化为

```
#include <stdio.h>
int main()
{
    int x, y, z;
    for( x = 0; x <= 20; x++)
        for( y = 0; y <= 33;y++)
            for( z = 0; z <= 100;z++)
                if((x + y + z) == 100 && (15 * x + 9 * y + z) == 300)
                    printf("x = %d, y = %d, z = %d\n", x,y,z);
    return 0;
}
```

这说明，在使用穷举法时，为了提高效率，应该充分利用已给出的条件，确定合理的穷举范围。即穷举的范围不能过分扩大，以免降低程序的运行效率，但也不能因为缩小穷举范围而遗漏可能的解。

本程序也可以使用二重循环，运行效率更高，程序代码如下：

```
#include <stdio.h>
int main( )
{
    int x,y,z;
```

```
        for( x = 0; x <= 20; x++)
            for( y = 0; y <= 33;y++)
            {
                z = 100 - x - y;
                if(15 * x + 9 * y + z == 300)
                    printf("x = % d, y = % d, z = % d\n", x,y,z);
            }
        return 0;
    }
```

【例5.7.3】 爱因斯坦的阶梯问题。设有一阶梯,每步跨两阶最后剩1阶;每步跨3阶最后剩2阶;每步跨5阶最后剩4阶;每步跨6阶最后剩5阶;只有每步跨7阶时,正好到阶梯顶。问这个阶梯共有多少阶?

分析:设阶梯数为 ladders,则根据所给的条件有下列关系:

(1) ladders％2＝1;
(2) ladders％3＝2;
(3) ladders％5＝4;
(4) ladders％6＝5;
(5) ladders％7＝0。

采用穷举法求解,从正整数1开始,每次递增1阶,一旦发现某个正整数符合所有限制条件,就找到了问题的答案。

```
#include <stdio.h>
int main()
{
    int ladders = 1;
    while(ladders % 2!= 1 || ladders % 3!= 2 || ladders % 5!= 4ladders % 6!= 5 || ladders % 7!= 0)
        ladders++;
    printf("共有%d阶\n",ladders);
    return 0;
}
```

运行结果如下:

共有119阶

以上穷举算法虽然简单易懂,但效率显然不高。事实上,根据条件(5)知,阶梯数一定为7的整数倍。所以测试的初值可以从7开始,并且只需在7的倍数7,14,21,28,35,…范围中测试。而由条件(1)可知,阶梯数一定是奇数,则可进一步缩小测试范围为7,21,35,…。这个等差数列的公差为14。可对这个数列中的数值再用(2)、(3)、(4)式中的条件去测试。上面程序可优化为

```
#include <stdio.h>
int main()
{
    int ladders = 7;
    while(ladders % 3!= 2 || ladders % 5!= 4 || ladders % 6!= 5)
        ladders += 14;
```

```
        printf("共有%d 阶\n",ladders);
        return 0;
}
```

从以上两个例子可看出,穷举法是简单而又直观的一种求解策略,虽然穷举过程重复又单调,但这正好可以发挥计算机特长。穷举法比较适合解空间不是很大的问题。如果解空间特别大,用穷举法可能要花费大量时间。

【例 5.7.4】 求 100～300 间的全部素数。(要求每行输出 18 项)

分析:求解本题的一个自然想法是对 100,101,…,300 之间的 201 个整数逐一检测,如果是素数就输出。因此,本题算法可描述为

```
for(m=100;m<=300;m++)
   { 检测 m 是否是素数;
     如果是,则输出;
   }
```

程序代码如下:

```
#include<stdio.h>
#include<math.h>
int main( )
{   int m, i, k, n=0;              //n 为计数器,用于控制输出格式
    for ( m=100; m<=300; m++)      //对 100～300 之间的每个整数进行检测
    {
        k= sqrt(m);                //判断一个正整数 m 是否素数
        for ( i=2; i<=k; i++)
            if ( m%i==0 ) break;
        if ( i>k )                 //是素数
           {
               printf("%4d",m);    //输出素数
               n++;                //统计已输出素数的个数
               if ( n%18==0 )
                   printf("\n");   //每输出 18 个素数就换行
           }
    }
    return 0;
}
```

运行结果如下:

```
101 103 107 109 113 127 131 137 139 149 151 157 163 167 173 179 181 191
193 197 199 211 223 227 229 233 239 241 251 257 263 269 271 277 281 283
293
```

说明:

本程序用到了循环嵌套,外层循环穷举出 100～300 之间的所有整数 m。内层的循环对每个整数 m,在 2～[sqrt(m)] 之间逐一测试是否有 m 的因子,如果找到 m 的因子,在内层循环体中执行 break 语句,结束内循环,i 必定小于或等于 k。

3. 递推法

在许多问题中,新状态是在旧状态的基础上产生的。在算法设计时,状态用变量描述,

新状态用新的变量描述,而新变量的值是在旧变量值的基础上推出来的,这种在旧变量值的基础上推出新变量值的过程,则称为递推。常用递推法求解有关序列的问题,例如求某序列 $x_1, x_2, x_3, \cdots, x_{n-1}, x_n, \cdots$,的前 n 项的值。

所谓"递推"是指,该序列后面的每一项都能按公式由前面的一项或连续的前几项推算出来。递推法的关键是找到进行递推的通项公式和初始条件,找出给定序列的未知项与已知项之间存在的关系,借助于已知项,逐项求出该序列的未知项。

【例 5.7.5】 输出 Fibonacci 数列 1、1、2、3、5、8、13、…的前 30 项。要求每行输出 6 项。

分析: 通过观察分析,不难发现这个数列有如下特点:前两个数据项均为 1。从第 3 项开始,每一项都是其前面两项之和。因此,可以用如下递推公式求它的第 n 项:

$$f_n = \begin{cases} 1 & (n=1) \quad \text{初始条件} \\ 1 & (n=2) \quad \text{初始条件} \\ f_{n-1} + f_{n-2} & (n \geq 3) \quad \text{通项公式} \end{cases}$$

据此,编程代码如下:

```c
#include <stdio.h>
int main( )
{
    int i,count;
    long f1 = 1, f2 = 1, f3;         //递推的初始条件为数列的前两项均为 1
    printf("%10d%10d", f1, f2);      //输出数列前 2 项
    for ( i = 3; i <= 30; i++)        //产生数列的第 3 到 30 项
    {
        f3 = f1 + f2;                 //递推出第 i 项
        printf("%10d", f3);           //输出第 i 项
        if (i % 6 == 0) printf("\n"); //控制每行输出 6 项
        f1 = f2; f2 = f3;             //f1,f2 更新为最新两项的值,为下一步递推做准备
    }
    printf("\n");
    return 0;
}
```

运行结果如下:

```
     1         1         2         3         5         8
    13        21        34        55        89       144
   233       377       610       987      1597      2584
  4181      6765     10946     17711     28657     46368
 75025    121393    196418    317811    514229    832040
```

习题

一、选择题

1. 设有如下程序段,则输出结果为 k=(   )。

```c
int k = 0,a;
for (a = 1;a <= 1000;a++) k = k + 1;
printf("k = %d",k);
```

A. 1   B. 1001   C. 1000   D. 溢出

2. 设有如下程序段,则最后输出的 a=(   )。

   ```
   int a;
   for (a=1;a<=1000;a++) printf("a=%d",a);
   ```

   A. 1   B. 1001   C. 1000   D. 溢出

3. 设有如下程序段,则输出结果为 a=(   )。

   ```
   int a;
   for (a=1;a<=1000;a++);
   printf("a=%d",a);
   ```

   A. 1   B. 1001   C. 1000   D. 溢出

4. 设有如下程序段,则输出结果为 k=(   )。

   ```
   int k=0,a;
   for (a=1;a<=1000;a++) {a=a+1;k=k+1;}
   printf("k=%d",k);
   ```

   A. 1000   B. 499   C. 500   D. 501

5. 语句 for(int i=1,j=10; i==j; i++,j--){…} 的循环次数是(   )。
   A. 0   B. 5   C. 10   D. 无限

6. 语句 for(x=0,y=0;y!=1 && x<4;x++){…} 的循环次数是(   )。
   A. 无限循环   B. 循环次数不定   C. 循环 4 次   D. 循环 3 次

7. 设有程序段:

   ```
   int i, j;
   j=10;
   for(i=1; i<=j; i++)
       j--;
   ```

   循环执行次数是(   )。
   A. 0   B. 5   C. 10   D. 无限

8. 设有如下程序段:

   ```
   int k=10;
   while(k!=0) k=k-1;
   ```

   则下面叙述正确的是(   )。
   A. while 循环执行 10 次   B. 循环是无限循环
   C. 循环体语句执行一次   D. 循环体语句一次也不执行

9. 设有如下程序段:

   ```
   int k=10;
   while(k==0) k=k-1;    //注意条件与上题的不同
   ```

   则下面叙述正确的是(   )。
   A. while 循环执行 10 次   B. 循环是无限循环

C. 循环体语句执行一次　　　　　　　　D. 循环体语句一次也不执行

10. 设有如下程序段：
    ```
    int k = 10;
    while(k = 0) k = k - 1;    //注意条件与上题的不同
    ```
    则下面叙述正确的是（　　）。
    A. while 循环执行 10 次　　　　　　　B. 循环是无限循环
    C. 循环体语句执行一次　　　　　　　D. 循环体语句一次也不执行

11. 与语句 while(! x){…}等价的语句是（　　）。
    A. while(x==0) {…}　　　　　　　　B. while(x!=1) {…}
    C. while(x!=0) {…}　　　　　　　　D. while (x==1) {…}

12. 设有如下程序段，以下说法正确的是（　　）。
    ```
    x = -1;
    do {
    x = x * x;
    } while( !x);
    ```
    A. 循环体将执行一次　　　　　　　　B. 循环体将执行两次
    C. 循环体将执行无限次　　　　　　　D. 系统将提示有语法错误

13. 设有如下程序段，程序运行结果应为（　　）。
    ```
    #include <stdio.h>
    int main()
    {   int i,j,k;
        for(i = 1;i <= 2;i++)
            for(j = 1;j <= 2;j++)
                printf("i = %d\tj = %d\t\n",i,j);
        return 0;
    }
    ```
    A. i=1　j=1　　　　　　　　　　　　B. i=1　j=1
       i=1　j=2　　　　　　　　　　　　　　i=2　j=1
       i=2　j=1　　　　　　　　　　　　　　i=1　j=2
       i=2　j=2　　　　　　　　　　　　　　i=2　j=2
    C. i=1　j=1　　　　　　　　　　　　D. i=1　j=2
       i=2　j=2　　　　　　　　　　　　　　i=2　j=2

14. 下述有关 break 语句的描述中，错误的是（　　）。
    A. break 语句用于循环体内，它将结束该循环
    B. break 语句用于 switch 语句，它结束该 switch 语句
    C. break 语句用于 if 语句的内嵌语句内，它结束该 if 语句
    D. break 语句在一个循环体内可使用多次

15. C 语言中 while 和 do…while 循环的主要区别是（　　）。
    A. do…while 的循环体至少无条件执行一次
    B. while 的循环控制条件比 do…while 的循环控制条件严格

C. do…while 的循环体比 while 的循环体少执行 1 次

D. do…while 的循环体不能是复合语句

16. 下面关于循环体的描述中,错误的是(　　)。

　　A. 循环体内可以包含有循环语句

　　B. 循环体内必须出现 break 语句和 continue 语句

　　C. 循环体内可以出现选择语句

　　D. 循环体可以是空语句

17. 下列语句不是死循环的是(　　)。

　　A. int i =10; while(i) i－－;　　　　B. int i = 1; while(1) i++;

　　C. int i =1; for(;;) i++;　　　　　　D. int i =1; do i++; while(1);

18. 下面程序的功能是计算 1~10 之间的奇数之和及偶数之和,空白处应填(　　)。

```
#include <stdio.h>
int main()
{
    int a, b, c, i;
    a = c = 0;
    for(i=0; i<=10; i+=2)
    {
        a += i;
        _____
    }
    printf("偶数之和 = %d\n", a);
    printf("奇数之和 = %d\n", c-11);
    return 0;
}
```

　　A. c+=i+1;　　　B. c+=i;　　　C. b+=i;　　　D. b+=i+1;

19. 若已正确定义变量,要求程序段完成求 5! 的计算,不能完成此操作的程序段是(　　)。

　　A. for(i=1; i<=5; i++)　　　　　　B. i=1;
　　　　{　　　　　　　　　　　　　　　　p=1;
　　　　　p=1;　　　　　　　　　　　　　do{
　　　　　p*=i;　　　　　　　　　　　　　　p*=i;
　　　　}　　　　　　　　　　　　　　　　　i++;
　　　　　　　　　　　　　　　　　　　　}while(i<=5);

　　C. i=1;p=1;
　　　while(i<=5)　　　　　　　　　　D. for(i=1,p=1;i<=5;i++)　p*=i;
　　　{ p*=i; i++; }

二、编程题

1. 用 for 循环语句编程输出 1~100 之间的所有奇数,两数之间以空格分隔。

2. 用 for 循环语句编程输出 A~Z 之间的所有字符,字母之间以空格分隔,要求一行输出 8 个字符。

3. 输出 100~200 之间所有能同时被 3 和 7 整除的数,要求每行输出 4 个数。

4. 输出 1~1000 之间所有满足用 3 除余 2、用 5 除余 3、用 7 除余 2 的数,要求每行输出

5 个数。

5. 读入一个正整数 n，计算并显示前 n 个偶数的和。例如，输入 n 为 5，则求 2+4+6+8+10 的值，即 sum=30。

6. 计算 1+1/2+1/3+1/4+⋯+1/200 的值并输出结果。

7. 计算 1−3+5−7+⋯−99+101 的值并输出结果。

8. 输入一组正整数，以 −1 作为结束标记，统计整数的个数，并计算其平均值。

9. 输入一个分数，将其约分为最简分式。例如，输入 6/12，输出 1/2。提示：为了把分数约分为最简分式，首先计算分子和分母的最大公约数，然后分子和分母都除以最大公约数。

10. 输出 Fibonacci 数列的前几项，直到该项的值大于 10000 为止，每行输出 5 项。Fibonacci 数列为 1,1,2,3,5,8,13,21,34,⋯，即第一项和第二项为 1，从第三项起，每一项的数值为前两项之和。

11. 输出 10000 至 99999 中所有的回文数。回文数是指从左到右读与从右到左读都一样的正整数，如 11、22、3443、94249 等。

12. 找出所有"水仙花数"。所谓的"水仙花数"是指一个三位整数，其各位数字立方和等于该数本身。例如，153 是水仙花数，因为 $153=1^3+5^3+3^3$。

13. 输出 1~100 之间所有各位数之积大于各位数之和的数，例如 23，因为 2∗3>2+3。

14. 输入一个正整数（不大于 100000），计算该整数的位数及各位数字之和。

15. 一个正整数如果恰好等于它的因子(不包括自己)之和，这个数就称为"完数"。例如，6 的因子为 1、2、3，且 6=1+2+3，因此 6 是完数。输入一个正整数，判断该数是否为完数。

16. 设有二次三项式 $x^2+px+q=0, p>0, q>0$，如果常数项 q 可分解为 2 个因数 a,b 的积，且满足 a+b=p，那么就可分解为 (x+a)(x+b)。编写因式分解的程序，输入 p 和 q 的值，如果可以因式分解，则输出因式分解的结果；否则，输出"无分解式"。

17. 输入一个正整数 n 作为行数，要求输出 n 行字符构成的图形。例如，输入 4，输出如下图形：

```
   A
  BBB
 CCCCC
DDDDDDD
```

18. 输入一个正整数 n 作为菱形的边长，要求输出边长为 n 的菱形。例如，边长为 4 的菱形如下：

```
      *
     * *
    * * *
   * * * *
    * * *
     * *
      *
```

19. 找出 10000 之内的所有完数。

20. 找出 500 内的所有素数。

21. 输入一个整数 n，输出 1～n 的所有偶数平方值。例如，输入 100，输出 4 16 36 64 100。

22. 找出所有形如 aabb 的四位完全平方数。（形如 aabb，即该四位数前两位数字和后两位数字分别相等）。

23. 求所有满足要求的二位整数 AB（其中 A 和 B 分别为十位数和个位数），使得 AB－BA＝45 成立。

24. 已知分数序列 2/1,3/2,5/3,8/5,13/8,21/13,…，计算这个序列的前 20 项之和。

25. 计算 a＋aa＋aaa＋…＋aa…a(n 个 a) 的值，n 和 a 的值由键盘输入。

26. 搬砖问题：36 块砖，36 人搬。男搬 4，女搬 3，两个小孩抬一砖。一次刚好搬完，问男、女、小孩各多少人？

27. 马克思手稿中的数学题：有 30 个人，在一家饭馆里吃饭共花了 50 先令，每个男人各花 3 先令，每个女人各花 2 先令，每个小孩各花 1 先令，问男人、女人和小孩各有几人？

第 6 章 函 数

CHAPTER 6

在 C 语言中，函数是程序的基本单位，是结构化程序设计中的模块。C 程序由一个 main 函数和若干个其他函数构成，每个函数本质上是一个自带声明和语句的小程序。可以利用函数把程序划分成小块，这样便于人们理解和修改程序。此外，函数还可以一次定义，多次被使用。

从用户的使用角度看，函数可分为两类，即标准函数和用户自定义函数。

尽管到目前为止我们所编写的程序只由一个主函数 main() 构成，但在主函数中经常调用标准函数 scanf() 和 printf() 等。这些标准函数也称为 C 语言的库函数，它们由系统定义，用户可以直接使用它们。C 的函数库是预先定义好的数百个函数的集合。根据库函数的功能，C 将库函数的函数原型声明组成一批扩展名为 .h 的文件并存放在 C 系统的 Include 文件夹中，这些文件也称为头(head)文件。当用户需要调用某个标准函数时，须把包含该函数原型声明的头文件包含进来，例如前面介绍的程序开头就常有 #include <stdio.h> 命令。

虽然 C 系统提供了大量的标准函数，然而人们在解决具体问题时，所需功能往往是各式各样的，这些功能无法全部由标准函数提供。因此用户需要根据实际情况定义自己的函数，以实现具体问题所特有的功能。

本章重点学习如何编写自定义函数，同时加强对 main() 函数和标准函数的理解。

6.1 函数定义与调用

在介绍函数定义的规则之前，来看一个简单的函数。假设需要多次求两个整数的最大值，则可以创建(定义)一个求最大值的函数，函数代码如下：

```
int max(int x,int y)
{
    int z;
    if(x>y)
        z=x;
    else
        z=y;
    return z;
}
```

该函数的格式与 main 函数非常相似，仅有如下 3 点不同：

(1) 函数名不同。求最大值函数的名字为 max,这可以由用户自己命名。

(2) 函数名后的圆括号内非空,里面的 x 和 y 表示每次调用 max 时需要提供的两个数据,也称形参,类似于数学函数的自变量。

(3) return 后面跟的不是 0,而是程序求出的 x、y 的最大值 z。

创建好函数后,就可以像 sqrt(x)、sin(x)函数一样,在 main 函数中调用它。例如,

```
c = max(18,5);
```

求出 18 和 5 的最大值,这条语句产生如下效果:

(1) 调用 max 函数,把 18 和 5 的值一一对应地赋值给 x 和 y;

(2) 执行 max 函数的函数体,求出最大值 18 并赋值给 z;

(3) "return z;"结束 max 函数并返回 z 的值 18 至调用处,也即产生 c=18。

第 3 章已学过,sqrt(4)的函数值是 2,fabs(-9.6)的函数值是 9.6,本例 max(18,5)的函数值就是 18,max(85,123)的函数值就是 123。函数值在本书中称为函数的返回值,是函数体内用 return 语句返回的值。

【例 6.1.1】 编写程序读取 3 个整数,并调用 max 函数求出它们的最大值。

程序代码如下:

```c
#include <stdio.h>
int max(int x,int y)
{
    int z;
    if(x > y)
        z = x;
    else
        z = y;
    return z;
}
int main()
{
    int a,b,c,d;
    printf("enter three numbers:");
    scanf("%d%d%d",&a,&b,&c);
    d = max(a,b);                      //求 a,b 的最大值,赋值于 d
    printf("max is %d\n",max(c,d));    //求 c,d 的最大值
    return 0;
}
```

这个程序第一次调用 max 先求出前两个数的最大值,第二次调用 max 相当于求出三个数中的最大值,程序运行结果如下:

```
enter three numbers:7  5  8
max is:8
```

由上可见,自建的 max 函数可视为标准函数库的补充。函数一经定义,可以被多次调用,调用方法与库函数相同。

max 是有参数、有返回值的函数，C 还可定义有参数无返回值函数、无参数有返回值函数、无参数无返回值的函数，各类函数在定义、调用过程中语法上是有区别的。

6.1.1 函数定义

基于 max 函数的例子，读者能更好地理解函数的定义。函数定义就是编写完成函数功能的程序块，由两部分组成，即函数首部和函数体。函数定义语法格式如下：

```
函数类型 函数名([类型名 形式参数1,类型名 形式参数2,…])   //函数首部
{
    声明与定义部分
    语句部分                                          //函数体
}
```

其中，函数参数用方括号括起来，表示函数参数是可选项。

说明如下：

(1) 函数定义的第一行，称为函数首部或函数头，它为 C 编译器指定了该函数的函数类型、函数名和函数参数列表。其中函数名是标识符，程序中不能定义同名函数。

(2) 函数名之后用括号括起来的是函数参数表，函数可以有多个参数，也可以没有参数。即使函数没有参数，函数名之后的括号也不能省略。由于定义函数时，函数参数并没有具体的值，所以这些参数称为形式参数，简称形参。参数表中必须分别指定各形参的类型。

(3) 函数类型是指调用函数时返回值的类型。在 C89 中如果省略函数类型，会假定函数的返回值类型为 int 型，但在 C99 中不允许缺省函数类型。因此不同的编译器有不同的处理方式，如果函数没有返回值，应指定函数类型为 void。

(4) 函数是由大括号括起来的语句块，即使函数体只包含一个语句，大括号也不能省略。函数体中的语句实现了函数的具体功能。

(5) 函数体通过 return 语句返回函数值，函数体中可以包含多个 return 语句，return 语句也是函数的结束语句。如果函数类型为 void 型，函数体中可以没有 return 语句，系统执行到函数体的最后一个语句时自动返回。

【例 6.1.2】 编写计算 n! 的函数。

分析：在例 5.1.4 里，把计算 n! 的问题设计为 main() 函数，下面把它定义为 fac() 函数。

程序代码如下：

```
long fac(int n)              //定义名为 fac 的函数，用于计算 n!.
{
    long f = 1;              //变量 f 用于存放阶乘结果
    if(n < 0) return 0;
    for(;n > 0;n-- )
        f *= n;
    return f;                //以 f 作为函数的返回值
}
```

说明：

(1) 第一行是函数首部，函数首部和函数体之间不能写分号。其中 fac 是函数名，n 是

形参,n 的类型为 int,long 是函数返回值的类型,即函数类型。

(2) 大括号及大括号中的语句是函数体,用于实现求 n! 的功能。函数体中的变量要先定义,后使用。参数 n 也是变量。

(3) 函数体中有两个 return 语句,两个 return 语句只有其中之一可能被执行。通过 return 语句把函数值(即阶乘的值)返回给调用者,函数值是 return 后面表达式的值。

【例 6.1.3】 编写在屏幕上显示 8 行"********************"的函数。

分析:该函数实现在屏幕显示 8 行星号,不需要参数,也不需要返回函数值。

程序代码如下:

```
void printstar ( )              //函数名为 printstar,无返回值,无参数
{
    int i;
    for(i = 1;i <= 8;i++)
        printf(" ******************** \n");
    return;
}
```

说明:

(1) 函数不需返回值,故函数类型为 void,return 语句不能带表达式。

(2) 本函数体中的 return 语句可以缺省。

如果想让 printstar 函数显示任意行的星号,可以把行数作为函数参数,程序代码如下:

```
void printstar (int n)           //参数 n 为星号行数
{
    int i;
    for(i = 1;i <= n;i++)
        printf(" ******************** \n");
}
```

注意:定义好的函数可以单独编译,但不能单独运行,必须被其他函数调用才能运行。换句话说,定义的函数必须通过调用才能实现其功能。

6.1.2 函数调用

函数被调用才执行,函数所定义的功能才能实现。主函数 main()由系统调用,其他函数由主函数或别的函数调用。调用其他函数的函数称为主调函数,被调用者称为被调函数。函数调用的一般格式如下:

函数名([参数列表])

说明如下:

(1) 函数被调用,参数列表中的参数个数、类型、顺序必须与该函数定义时的形式参数对应。函数调用时的参数称为实际参数,实际参数是一个表达式(常量和变量是特殊的表达式),具有确定的值。

(2) 如果调用无参数函数,则没有"参数列表",但圆括弧不能省略。如果实参列表包含

多个实参,则各参数间用逗号隔开。

(3) 函数被调用,把实际参数的值赋给形式参数,然后执行函数体,结束函数调用前把函数值返回给主调函数,并把控制返回到主调函数的调用点。

1. 函数调用形式

主调函数调用被调函数(被调函数可以是自定义函数或标准函数)有以下形式:

(1) 作为表达式的一部分。这种调用形式要求被调用的函数能返回一个值。例如,

```
f = 2 * sqrt(27.0);
c = max(a,b);
```

(2) 作函数参数。函数调用出现在另一个函数的实参中。例如,

```
m = max(a,max(b,c));
printf ("max is %d\n", max (a,b));
```

(3) 调用语句。函数调用本身是独立语句。例如,

```
printstar( );
max(a,b);
```

函数类型为 void 的函数通常以独立语句形式调用。对于没有返回值(void 类型)的函数,当然不能作为表达式的一部分;而对于有返回值的函数调用,若以调用语句形式出现,则将函数返回值丢弃。

2. 函数调用机制

不论 C 程序由多少个函数组成,不论各函数在程序中的相对位置如何,C 程序总是从主函数开始执行。其他函数只有被调用才执行。包含函数调用的函数称为主调函数,主调函数可以是主函数,也可以是其他函数。函数调用时,控制流程转移到被调函数,被调函数执行结束后,控制流程又返回到主调函数,并从被调函数返回函数值。函数调用过程如下:

(1) 计算实参列表中各参数表达式的值。

(2) 控制流程从主调函数转移到被调函数,为被调函数的所有形参分配存储空间并将实际参数值依次赋予位置对应的形式参数。如果实际参数值的类型与对应形式参数类型不同,则按照赋值语句的规则自动进行类型转换。例如,如果传递一个 int 型实参值给 double 型的形参,那么将整数值自动转换成相应的浮点类型后再赋值。

(3) 执行被调函数的函数体中各语句,包括为函数体中定义的局部变量分配存储空间。直到遇到 return 语句或函数体结束为止。

(4) 计算 return 语句中的表达式的值(若有的话),并把该值返回给主调函数。如果 return 后表达式的值类型与函数类型不一致,把表达式值自动转换成函数类型再返回。例如,若函数类型为 int 型,而 return 语句中的表达式的值为 double 类型,则会将结果转换为整型。

(5) 释放被调函数定义的存储空间,例如参数、局部变量等空间。

(6) 控制返回到主调函数的调用点,并用返回值(若有的话)替代函数调用,接着执行主调函数中的后续语句。

【例 6.1.4】 调用自定义的阶乘函数,求 1!+2!+3!+…+n! 的值。

分析:在例 6.1.2 中定义过求阶乘的函数 fac( ),现在可通过调用它,计算 1 到 n 阶乘的和。

程序代码如下：

```c
#include <stdio.h>
long fac(int n )                    //函数 fac 的定义
{
    long f = 1;
    if(n < 0) return 0;
    for(;n > 0;n-- )
        f *= n;
    return f;
}
int main()
{
    int i,n;
    long sum = 0;
    printf ("Enter n:");
    scanf(" %d",&n);
    for(i = 1;i <= n;i++)
        sum = sum + fac(i);         //调用函数 fac,计算 i!.
    printf(" %ld\n",sum);
    return 0;
}
```

运行结果如下：

Enter n:5 <回车>
153

说明：

(1) 函数应先定义后调用。自定义函数 fac 应该写在主函数 main()之前。

(2) 函数调用出现在表达式中，即

sum = sum + fac(i);

fac 函数的调用机制如图 6.1.1 所示。

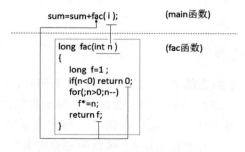

图 6.1.1 fac 函数的调用机制

【例 6.1.5】 编写程序，计算 $x+x^2+x^3+\cdots+x^n$ 的值（其中 $x=1.2, n=10$）。

分析：首先定义计算 x^n 的函数（其中 x 为实数，n 为整数），然后在主函数中重复调用该函数 n 次，求得 $x^i(i=1,2,\cdots,n)$，并将它们累加求和。

具体步骤如下：

(1) 确定自定义函数首部,函数首部是被调函数和主调函数之间的接口,也是被调函数的入口。要计算 x^n 的值,数据 x 和 n 的值应该是确定的,因此把它们确定为函数的参数,x 的数据类型为 double 型,n 的数据类型为 int 型,而函数值类型为 double 型。因此函数的首部定义为 double mypow(double x,int n)。

(2) 编写函数体,函数体实现累乘的功能,即 $x^n = x*x*x*\cdots*x$(n 个 x 连乘)。该过程利用循环实现,与计算 n! 的方法相似。

(3) 编写主函数,主函数要做三件事,首先输入 x 和 n 的值,接着重复调用 mypow 函数 n 次求得 $x^i(i=1,2,\cdots,n)$,并将它们累加,最后输出结果。

程序代码如下:

```c
#include <stdio.h>
double mypow(double x, int n)
{
    int i;
    double y = 1.0;
    for(i = 1; i <= n; i++)
        y = y * x;
    return y;
}
int main()
{
    int i,n;
    double x,sum = 0.0;
    printf ("Enter x and n:");
    scanf(" %lf, %d",&x,&n);
    for(i = 1; i <= n; i++)
        sum = sum + mypow(x,i);       //调用 mypow,求 $x^i$
    printf(" %lf\n",sum);
    return 0;
}
```

运行结果如下:

Enter x and n:1.2,10(按 Enter 键)
31.150419

6.1.3 函数原型声明

C 规定,所有标识符在使用之前必须先定义,函数也不例外,也要先定义后使用(调用)。按照结构化程序设计方法中"逐步求精"原则,通常把主调函数写在被调函数之前,即先有函数调用,再有函数定义。为解决这个问题,C 提供了一种称为函数原型声明的方式。这样,在函数调用之前,只要给出函数原型声明即可,函数的完整定义可以放在主调函数之后。函数原型声明语法格式如下:

函数类型　函数名(形参类型 1,形参类型 2,…);

或

函数类型　函数名(类型名 形式参数 1,类型名 形式参数 2,…);

说明如下:
(1) 函数原型就是函数首部加上分号,作为一个独立语句。
(2) 函数原型声明语句中,参数列表可以只写参数类型,不写形参的名字。
(3) 函数原型声明一般放在源文件的开始部分,即写在编译预处理命令#include 行之后。也可放在主调函数函数体的开头部分。

不仅函数调用要先定义再需要函数原型声明,如果函数调用和函数定义分属两个不同的源文件,在函数调用的源文件,也需进行函数原型声明。

如果有多个函数需要函数原型声明,可以将这些函数原型存放在一个头文件(*.h)中,然后在函数调用的源文件开始处利用文件包含命令#include 将这个头文件(*.h)包括进来。标准函数就是这样处理的,例如常用的#include < stdio.h >。

函数"定义"与函数"声明"是有区别的。定义是指对函数功能的确立,包括指定函数名、函数值类型、形参及其类型、函数体中的语句等,是一个完整的、独立的程序单位。而声明的作用则是把函数的名字、函数类型以及形参的类型、个数和顺序通知编译系统,以便在调用该函数时系统按此进行对照检查。例如检查函数名是否正确,实参与形参的类型和个数是否一致等。

【例 6.1.6】 程序可以改写如下:

```
# include < stdio.h >
double mypow(double x, int n);        //mypow 函数声明
int main()
{    int i,n;
    double x,sum = 0.0;
    printf ("Enter x and n:");
    scanf(" % lf, % d",&x,&n);
    for(i = 1;i < = n;i++)
        sum = sum + mypow(x,i);
    printf(" % lf\n",sum);
    return 0;
}

double mypow(double x, int n)
{
    int i;
    double y = 1.0;
    for(i = 1;i < = n;i++)
        y = y * x;
    return y;
}
```

说明:函数声明语句"double mypow(double x, int n);"也可以放在主函数的变量定义语句之前,甚至可以放在主函数中该函数调用前的任意位置,为增强程序的可读性,方便程序维护,建议把函数声明语句集中放在源文件开头。

6.2 函数间数据传递

调用函数时,一般需要在主调函数与被调函数之间传递数据。函数之间传递数据有多种途径,本节先介绍函数参数和函数返回值。

(1) 通过函数的参数,把数据从主调函数传递给被调函数。
(2) 通过函数的返回值,把数据从被调用函数传递到主调函数。

6.2.1 函数参数

实参与形参是主调函数与被调函数之间传递数据的通道。定义函数时,系统不对形参分配内存单元。但函数一旦被调用,系统就为函数的形参分配内存单元,并接受从对应实参传递过来的数据。

实参与形参之间的数据传递是单向的,即所谓按值传递。因此实际参数可以是常量、变量或表达式,而形式参数就是变量。在被调函数中改变形参的值,不会影响到主调函数对应的实参。因此,如果实际参数是变量时,实际参数可以和形式参数同名,它们是不同函数定义的变量,有各自的存储空间,互不干扰。

【例 6.2.1】 实参与形参之间的值传递示例。

```c
# include < stdio.h >
void sort(int a, int b)         //定义 sort 函数, a,b 是形参
{   int t;                      //定义在 sort 函数内使用的变量
    printf("调用 sort 之初形参 a,b 的值:a = %d,b = %d\n",a,b);
    t = a;a = b;b = t;          //交换参数 a 和 b 的值
    printf("返回前形参 a,b 的值:a = %d,b = %d\n",a,b);
}
int main ( )
{   int x = 8, y = 6;
    printf("调用 sort 前实参 x,y 的值:x = %d,y = %d\n",x,y);
    sort(x,y);                  //调用函数 sort,x 和 y 是实参
    printf("返回后实参 x,y 的值:x = %d,y = %d\n",x,y);
    return 0;
}
```

运行结果如下:

调用 sort 前实参 x,y 的值:x = 8,y = 6
调用 sort 之初形参 a,b 的值:a = 8,b = 6
返回前形参 a,b 的值:a = 6,b = 8
返回后实参 x,y 的值:x = 8,y = 6

说明:sort 函数调用过程中实参与形参所占存储单元状况如图 6.2.1 所示。具体过程如下:

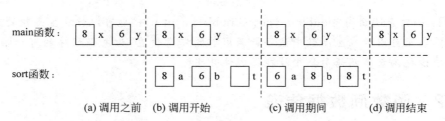

图 6.2.1　sort 函数调用过程中实参与形参所占存储单元状况

(1) 程序从主函数开始执行,为主函数的变量 x、y 分配内存单元,并分别存放 8 和 6。在 sort 函数被调用之前,其中的变量 t 和形参 a,b 并不占内存单元,如图 6.2.1(a)所示。

(2) 主函数执行"sort(x,y);"语句,即调用函数 sort,程序的控制流程转到 sort 函数,给形参变量 a、b 分配内存单元,同时把实参 x、y 的值 8 和 6 分别赋给对应的形参 a,b,并给 sort 函数定义的变量 t 分配内存单元,如图 6.2.1(b)所示。

(3) 执行函数 sort 的函数体,交换形参 a 和 b 的值。a、b 和变量 t 的值如图 6.2.1(c)所示。

(4) sort 函数调用结束后,形参 a,b 和变量 t 所占的内存单元被释放,如图 6.2.1(d)所示。

(5) 本程序中的 sort 函数类型为 void,故其函数体省略了"return;"语句。

从运行结果可以看到,在 sort 函数的调用过程中交换形参 a 和 b 的值,并没有影响实参 x 和 y 的值,即调用 sort 函数后实参值没有改变。可见函数参数是"按值"单向传递的,即数据只能从实参单方向传递给形参,形参值的改变不会反向影响对应实参的值。

思考如果把主函数中的变量 x、y 也命名为 a 和 b,程序功能还一样吗?

6.2.2 函数返回值

函数调用结束后返回到主调函数的调用点,可以从被调函数中返回一个值,函数的返回值也称为函数值。函数值通过函数中的 return 语句返回,return 语句的格式如下:

return 表达式;

其中,表达式的值就是函数的返回值(函数值),表达式的数据类型最好要与函数类型一致,如果不一致,则以函数类型为准,即先将该表达式的值转换成函数类型后再返回。

当执行返回语句"return 表达式;"时,首先计算表达式的值,再将该值传递给主调函数并结束被调函数,最后将程序的控制权交还给主调函数。

函数体中可以有一个以上的 return 语句,但只能有一个 return 语句被执行。执行到哪一个 return 语句,哪一个语句起作用。执行 return 语句,立即结束函数调用,返回到主调函数。

对于不需要返回数值的函数,return 语句不能有表达式,return 语句的作用只是终止函数,如果该 return 语句为函数体的最后一个语句,可以省略不写,当程序执行到函数的最后一个语句时,也会结束函数调用,自动返回主调函数。无返回值函数,其函数类型定义为 void 型。

有时为了强调通过 return 语句返回一个值,会用括号把表达式括起来,即写成如下格式:

return (表达式);

【例 6.2.2】 函数返回值传递示例。定义求圆面积的函数,在主程序中调用这个函数。

分析:定义求圆面积的两个函数,一个函数通过返回值返回圆面积,另一个函数在函数体中直接输出圆面积。

程序代码如下:

```c
#include <stdio.h>
float s1(float r);                  //函数原型声明
void s2(float r);                   //函数原型声明
int main()
{
    float r,s;
    scanf("%f",&r);
    s = s1(r);                      //调用函数 s1
    printf("半径为%f的面积为%f\n",r,s);
    s2(r);                          //调用函数 s2
    return 0;
}
float s1(float r)                   //定义函数 s1
{
    return (3.14159*r*r);
}
void s2(float r)                    //定义函数 s2
{
    float s
    s = 3.14159*r*r;
    printf("半径为%f的面积为%f\n",r,s);
}
```

说明：

（1）实际参数和形式参数都是 r，但它们分别属于不同的函数，是两个变量，有各自的存储空间，彼此独立。

（2）函数 s1 为 float 型函数，函数调用作为表达式的一个运算对象；函数 s2 为 void 型函数，没有返回值，函数调用必须以独立语句的形式。

作为函数应用示例，不可能使用很大的程序，但通过以上简单例子，可以看出应用函数有以下特点：

（1）函数具有相对独立的功能。

（2）函数与函数之间通过参数（输入）和返回值（输出）传递数据。

（3）使用函数有利于代码重用，提高程序开发效率。

（4）函数具有对代码的封装性。调用一个函数时，只需知道函数的功能，它的参数类型、参数个数以及返回值的类型和含义即可。无须搞清被调用函数是怎样实现其功能的。因此，对调用函数者来说，被调用函数相当于一个"黑箱子"，这种函数的"黑箱特性"，简化了程序设计，具有十分重要的意义。

6.3 函数的嵌套与递归

在 C 语言中，包括主函数 main() 在内的所有函数定义都是平行的。不允许嵌套定义函数，即不允许在函数体中又定义另一个函数。例如以下定义是错误的。

```c
void A()
```

```
{
    printf("定义函数 A\n");
    void B()
    {
        print("定义函数 B\n")
    }
}
```

函数之间的关系是调用与被调用的关系。main()函数只能调用其他函数,其他函数之间可以互相调用。

在 C 语言中,如果 A 函数调用 B 函数,B 函数又调用 C 函数,称为函数嵌套调用。

如果 A 函数调用 A 函数自己,或 A 函数调用 B 函数,B 函数又调用 A 函数,称为函数的递归调用,前者称为直接递归,后者称为间接递归。可见,递归是一种特殊的嵌套。

6.3.1 函数嵌套调用

虽然 C 语言的函数不能嵌套定义,但 C 允许嵌套调用,即被主调函数调用的被调函数的函数体中,还可以调用另一个函数。函数的嵌套调用的执行过程如图 6.3.1 所示。图中表示的是两层嵌套情形。

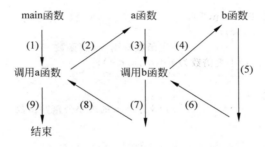

图 6.3.1 函数嵌套调用执行流程示意图

其执行过程如下:
(1) 执行 main 函数的前部分语句;
(2) 遇到调用 a 函数的语句,就暂停 main 函数的执行,流程转到 a 函数;
(3) 执行 a 函数的前部分语句,遇到调用 b 函数的语句,就暂停 a 函数的执行,流程转到 b 函数;
(4) 执行 b 函数;
(5) 如果再无其他嵌套的函数调用,则完成 b 函数的全部操作;
(6) 结束 b 函数,返回到 a 函数中的调用 b 函数处;
(7) 继续执行 a 函数中尚未执行的部分,直到 a 函数结束;
(8) 返回到 main 函数中的调用 a 函数处;
(9) 继续执行 main 函数的剩余部分直到结束。

使用结构化程序设计方法解决复杂的问题时,通常会把大问题分解成若干个小问题,而每个小问题又可进一步分解成若干个更小的问题。在 C 语言中,每个问题就是一个函数,由 main 函数调用解决小问题的若干个函数,而这些函数又进一步调用解决更小问题的函数,从而形成函数的嵌套调用,如图 6.3.2 所示。

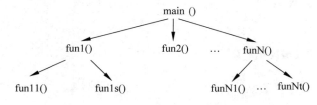

图 6.3.2　结构化程序的构成

【例 6.3.1】 通过函数的嵌套调用,求两个正整数 m,n 的最小公倍数。

分析： 假设计算 m,n 的最小公倍数和最大公约的函数分别为 sct(m,n)和 gcd(m,n),由数学知识知道,两个正整数 m 和 n 的最小公倍数等于两数之积除以它们的最大公约数。即 sct(m,n)＝m×n/gcd(m,n)。完整程序代码如下：

```c
#include <stdio.h>
int sct(int m,int n);           //定义在后,使用在前,需要函数原型声明
int gcd(int m,int n);           //定义在后,使用在前,需要函数原型声明
int main( )
{
    int m,n,t;
    printf("请输入正整数 m,n: ");
    scanf("%d,%d",&m,&n);
    t=sct(m,n);                 //主函数调用 sct()函数
    printf("%d、%d 的最小公倍数为 %d\n",m,n,t);
    return 0;
}
int sct(int m,int n)            //定义求 m、n 的最小公倍数函数
{
    int y;
    y=m*n/gcd(m,n);             //sct 函数又调用 gcd 函数
    return y;                   //返回最小公倍数
}
int gcd(int m,int n)            //定义求 m、n 的最大公约数函数
{
    int r=m;
    while(m%r || n%r)r--;
    return r;                   //返回最大公约数
}
```

说明：

(1) sct 函数定义在 main 之后,gcd 函数定义在 sct 之后,故在调用它们之前应先进行原型声明。把函数声明一起放在程序的开头处。

(2) 程序从主函数 main()开始执行。先输入两个正整数 m 和 n,然后调用 sct 函数求最小公倍数,在 sct 函数中又调用 gcd 函数求最大公约数。本例展示了函数的嵌套调用。

6.3.2　函数递归调用

递归是指把一个大问题转化成同样形式但小一些的问题加以解决,它是一种描述和解

决问题的方法。在现实生活中,有许多这样的递归问题,例如计算 n! 问题。n! 可表示为 n*(n-1)!,而(n-1)! 又可表示为(n-1)*(n-2)!,以此类推,2! 可表示为 2*1!,而 1! 的值是 1,是一个简单问题。从这一递归计算过程可以看到,一个复杂的问题,被一个规模更小、更简单的类似问题替代了,经过逐步分解,最后得到了一个规模小容易解决的问题,将该问题解决后,再逐层解决上一级问题,最后解决了较复杂的原问题,这种算法称为递归算法。递归算法是一种常用的程序设计技术,在可计算理论中占有重要的地位。递归问题一般具有如下特点:

(1) 原始问题可转化为解决方法相同的新问题;
(2) 新问题的规模比原始问题小;
(3) 新问题又可转化为解决方法相同的规模更小的新问题,直到终结条件为止。

C 语言允许函数的递归调用。在定义一个函数的过程中又出现直接或间接地调用函数本身,称为函数的递归调用,简称递归函数。

用递归函数解决问题,一般将问题分成两部分,即当前能够直接处理的部分和需要用递归方法处理的部分。

【例 6.3.2】 用递归函数实现求 n!。

分析:在数学中 n 的阶乘函数可定义为

$$n! = \begin{cases} 1 & n = 0 \\ n \times (n-1)! & n = 1, 2, 3, \cdots \end{cases}$$

显然,这个定义是递归定义,它用 n-1 的阶乘来定义 n 的阶乘。新的问题(计算(n-1)!)和原问题(计算 n!)有相同的形式,符合递归的特征。只要进行有限次这样的重复,将使问题获得解。实现程序代码如下:

```
long fac( int n )                //递归函数
{ if ( n == 0 )                  //n=0 为递归结束条件
    return (1);                  //n 为 0 时,0!值为 1
  else
    return (n * fac(n-1));       //n>1 时,递归调用函数 fac
}
```

定义递归函数很简单,源于用递归算法定义数学问题很简单。程序初学者或对数学不是很熟悉的读者,不必用太多时间去纠结递归函数的执行过程,只要能把已经数学定义的递归算法表示为 C 函数就可以了。

【例 6.3.3】 利用递归方法求 Fibonacci 数列。

分析:在例 5.7.5 中已介绍过用递推法求 Fibonacci 数列的求解过程,这里用递归算法来解决该问题。数列的递归算法如下:

$$f(n) = \begin{cases} 1 & n = 1, 2 \\ f(n-1) + f(n-2) & n = 3, 4, 5, \cdots \end{cases}$$

程序代码如下:

```
#include<stdio.h>
long f(int n)
{
    if(n==1 || n==2)             //"n==1 || n==2"为递归停止条件
```

```
            return(1);
        else
            return f(n-1)+f(n-2);    //递归调用
}
int main()
{
    int n;
    printf("Enter 项数 n:");
    scanf("%d",&n);
    if (n<0)
        printf("Enter Wrong!\n");
    else
        printf("第%d项fibonacci数列的值为%ld\n",n,f(n));
    return 0;
}
```

运行结果如下：

Enter 项数 n:7 <回车>
第 7 项 fibonacci 数列的值为 13

6.4 函数应用举例

【例 6.4.1】 写一个函数，其功能是求正整数 n 的位数。并设计一个主程序测试这个函数。

分析：函数有一个已知的正整数 n，应定义一个整型形参，函数的功能就是求参数的位数并返回该整数的位数，所以函数返回值类型为整型。程序代码如下：

```
#include<stdio.h>
int func(int n)
{
    int w=0;
    while(n)
    {
        n=n/10;
        w++;
    }
    return w;
}
int main()
{
    int x;
    scanf("%d",&x);
    printf("%d 的位数为%d\n",x,func(x));
    return 0;
}
```

【例 6.4.2】 求 $sinx = x - x^3/3! + x^5/5! - x^7/7! + \cdots$ 的近似值，直到最后一项的绝对值小于 10^{-6} 为止。

分析：显然这是一个加减项交错的累加求和问题。不考虑符号，分子和分母是 x^n 和 $n!$ 的通式，分别定义 mypow 和 fac 函数来求取。

程序代码如下：

```c
#include <stdio.h>
#include <math.h>
double mypow(double x, int n);      //乘方函数原型声明
long fac(int n);                    //阶乘函数原型声明
int main()
{
    double sum,x,t;
    int s=1,i;
    scanf("%lf",&x);
    x=x*3.14159/180;                //把输入的x由角度换算成弧度
    sum=0.0;
    t=x;
    i=1;
    while(fabs(t)>=1e-6)
    {
        sum=sum+t;
        s=-s;
        i=i+2;
        t=s*mypow(x,i)/fac(i);
    }
    printf("sinx=%f\n",sum);
}
long fac(int n)
{
    long f=1;
    if(n<0) return 0;
    for(;n>0;n--)
        f*=n;
    return f;
}
double mypow(double x, int n)
{
    int i;
    double y=1.0;
    for(i=1;i<=n;i++)
        y=y*x;
    return y;
}
```

【例 6.4.3】 写一个判别正整数是否是素数的函数，然后利用它在主程序中求出 100～300 之间的所有素数。

分析：判别一个正整数是否为素数的算法问题，在循环那一章已经解决，现在把这一问题用函数来实现。定义函数 int isprime(int n); 其功能就是判别一个正整数是否为素数，若是函数返回值为 1，否则返回值为 0。然后在 main() 函数中通过调用这个判别函数求出特定范围内的所有素数。

```c
#include<stdio.h>
int isprime(int n)
{
    int i,flag=1;
    for(i=2;i<n;i++)
        if(n%i==0){
            flag=0;
            i=n;
        }
    return flag;
}
int main()
{
    int m,i;
    for(m=100;m<300;m++)
        if(isprime(m)==1)
            printf("%d\t",m);
    return 0;
}
```

说明：对于这类判别问题，它的结果无外乎有两种，是或者不是，所以可以人为地规定这类函数的返回值为 1 或者 0，是返回 1，不是返回 0。主调函数根据返回值（1 或 0）获得判别信息（是或不是）。

【例 6.4.4】 寻找并输出 11～9999 之间的正整数 m，它满足 m、m^2、m^3 均为回文数。所谓回文数是指其各位数字左右对称的整数，如 33、585、68986 等。而整数 11 就是满足上述条件的回文数之一，因为 $m=11,m^2=121,m^3=1331$。

分析：定义函数 int symm(long n)，其功能是判断一个正整数是否为回文数，若是返回 1，否则返回 0。而判断一个正整数是否回文数，可以用除 10 取余的方法，从最低位（个位）开始，依次取出该数的各位数字（个位、十位、百位……），然后用最低位充当最高位，即按反序重新构造一个新的整数，若按这样方法构成的新数与原数相等，则原数为回文数。

程序代码如下：

```c
#include<stdio.h>
int symm(long n)
{
    long i,g,new_num=0;
    i=n;
    while(i!=0)
    {
        g=i%10;
        new_num=new_num*10+g;
        i=i/10;
    }
    return (new_num==n);        //相当于 if(new_num==n)return 1;else return 0;
}
int main()
{
```

```
        long m;
        for(m = 11;m < = 9999;m++)
            if(symm(m) && symm(m * m) && symm(m * m * m))
                printf("m = % ld\tm * m = % ld\t\tm * m * m = % ld\n",m,m * m,m * m * m);
        return 0;
}
```

运行结果如下：

```
m = 11      m * m = 121         m * m * m = 1331
m = 101     m * m = 10201       m * m * m = 1030301
m = 111     m * m = 12321       m * m * m = 1367631
m = 1001    m * m = 1002001     m * m * m = 1003003001
```

6.5 变量属性

各函数都可以定义变量，在函数之外还可以定义变量。如何合理地定义和使用变量，应该对变量属性有初步了解。

6.5.1 变量的生存期和可见性

1. 生存期

所谓变量的生存期就是变量占用存储空间的时间期限。在 C 程序中，有些变量生存期长，它们在程序的整个执行期间都占有固定的内存单元并保留其值。而某些变量的生存期是短暂的，在函数被调用时系统才给这些变量分配存储空间，当函数调用结束时这些变量所占用的存储空间被释放。因此，变量的生存期是一个时间概念。

2. 可见性

变量的可见性是在程序中的哪些位置可以引用该变量。例如一个变量是"全程可见的"，就是指该变量在整个程序（无论有多少个源程序文件）范围内可被访问；说一个变量是"在某个函数或程序块内是可见的"，则是指该变量只在该函数或程序块内部可以被访问。值得注意的是，有时变量处于生存期但不一定可引用（不可见）。但变量不在生存期则必不可被引用。换句话说，变量只要可见就一定是存在，但是存在却并不一定是可见的。例如主函数定义的变量，在主函数调用子函数期间，这些变量虽然存在，但不能被子函数通过变量名引用。

6.5.2 变量的作用域

变量的作用域是变量在程序中内能被访问的那部分程序段，就是变量的作用范围。超出这个范围，变量就失去效用。根据作用域范围大小，变量作用域分为四级，即程序级变量、文件级变量、函数级变量和块级变量。变量的作用域是一个空间概念，由变量定义的位置确定。根据变量定义位置的不同，可将变量分为局部变量和全局变量。

1. 局部变量

如果变量在函数（或函数体中的复合语句）内部定义，则称该变量为局部变量，也称为内部变量。局部变量只在本函数(或复合语句)范围内有效,即只能在本函数(或语句块)内才能使用它,在此函数(或语句块)以外不能使用它。因此,局部变量的作用域是函数级的或者是块级的,例如:

```
int main()
{   int x,y;
    …
    {   int z;
        …
        z = x > y?x:y;   z 在此范围内有效   x、y 在此范围内有效
        …
    }
    …
}
int fun(int z)
{   int x,y;
    …                   x、y、z 在此范围有效
}
```

说明如下:

(1) 主函数 main 中定义的变量 x、y,只在主函数内有效,其他函数不能使用。同样主函数也不能使用其他函数定义的变量。

(2) 函数的形参也是局部变量。例如上面函数 fun 的形参 z,也只在 fun 函数中有效。其他函数(包括主函数 main)都不能引用 fun 函数的形参 z。

(3) 不同函数中变量可以同名,它们代表不同的存储空间,互不干扰。

(4) 迄今为止,使用的变量都是在函数内部定义,即它们都是局部变量。

(5) 虽然在任意语句块中都可定义变量,但为程序可读性考虑,函数中的变量最好集中在函数的开始位置定义。

2. 全局变量

如果变量在所有函数之外定义,则称该变量为全局变量,也称为外部变量。它既可以定义在源文件的开头,也可以定义在两个函数的中间或源文件的尾部。其作用域是从定义的位置开始到本源文件结束。全局变量可以被其作用域范围内的所有函数使用。还可以通过引用声明,使其作用域扩展至整个源文件,甚至可扩大到本程序的其他源文件。所以全局变量的作用域是文件级或者程序级的。全局变量在程序的整个执行期间都占有固定的内存单元,并保留其值。所以在整个程序的运行期(不管在函数内外)总是存在。

未被初始化的全局变量的值为 0。

【例 6.5.1】 分析下列程序的运行结果。

```
#include <stdio.h>
int x,y;                    //定义全局变量 x、y。变量 x、y 的作用域从此开始
void swap( )
{
    int t;
    t = x; x = y; y = t;
}
```

```
int main( )
{
    scanf("x = %d,y = %d",&x,&y);
    swap( );
    printf("x = %d,y = %d\n",x,y);
    return 0;
}
```

若从键盘输入 x=3,y=8,则输出结果为 x=8,y=3。

说明：本程序中利用全局变量 x、y 实现函数 swap()与主函数 main()之间的数据联系。通过调用 swap()实现交换变量 x、y 的值。

需要强调的是,除非十分必要,一般不提倡使用全局变量,原因如下：

(1) 虽然利用全局变量可以增加函数之间数据联系的渠道,但全局变量在程序的整个执行过程中都占用存储单元,增加空间的开销。

(2) 在函数之间通过全局变量传递数据,要求主调函数和被调函数都得使用相同的全局变量名,从而影响了函数的独立性。

(3) 在程序结构化设计中,在划分模块时要求模块的"内聚性"强、与其他模块的"耦合性"弱。即模块的功能要单一,不要把许多互不相干的功能放到一个模块中,与其他模块的相互影响要尽量少。而在函数中使用全局变量,使各模块之间的互相影响变大,从而使函数之间的"耦合性"强。

(4) 在函数中使用全局变量,会降低程序的清晰性,可读性变差。因为在各函数被调用时都可能改变全局变量的值,使人难以清楚地判断出每个瞬间各个全局变量的值,从而容易因疏忽或使用不当而导致全局变量值的意外改变,从而引起副作用,产生难以查找的错误。

一般选择变量可遵守以下原则：

(1) 当变量只在某函数使用时,不要定义成全局变量。

(2) 当多个函数都引用同一个变量时,在这些函数之前定义全局变量,而且定义部分尽量靠近这些函数。

如果全局变量和局部变量同名,在局部变量的有效作用范围内,同名全局变量被屏蔽,即同名全局变量不可见。如果把例 6.5.1 程序更改如下,即在主函数中增加定义变量 x,y 的语句,则出现同名的全局变量和局部变量,按上述规则,请思考并检验：swap 交换的是全局变量 x、y 还是局部变量 x、y？最后输出的是全局变量还是局部变量？

```
int x,y;                        //定义全局变量 x、y. 变量 x、y 的作用域从此开始
void swap()
{
    int t;
    t = x; x = y; y = t;        //此处引用的是全局变量
}
int main()
{
    int x,y;                    //定义局部变量 x,y
    scanf("x = %d,y = %d",&x,&y);
    swap();
    printf("x = %d,y = %d\n",x,y); //局部变量与全程变量同名,引用的是局部变量
```

```
        return 0;
}
```

3. 全局变量引用声明

如果全局变量不在源文件开头定义,其有效范围只限于变量定义处到本源文件尾。如果在定义点之前的函数想引用该全局变量,则应该在引用之前用关键字 extern 对该变量作引用性声明,以告诉编译器该变量在本文件的某处已经被定义。有了此声明,才能合法地使用别处已定义的外部变量。例如例 6.5.1 也可以改写如下:

```
#include<stdio.h>
extern int x,y;                    //声明全局变量 x、y,这些变量已在程序的其他地方定义
void swap()
{
    int t;
    t = x; x = y; y = t;
}
int x,y;                           //定义全局变量 x、y,x、y 的作用域从此开始
int main()
{
    scanf("x = %d,y = %d",&x,&y);
    swap();
    printf("x = %d,y = %d\n",x,y);
    return 0;
}
```

说明:程序第二行中的保留字 extern 不能省略,否则该语句就是变量定义语句,会造成变量 x,y 重复定义。通过该语句将 x、y 的作用域向上扩展至该处。

如果全局变量要在其他源文件中使用,在使用全局变量的源文件,也必须对在别的源文件定义的全局变量进行引用声明。

全局变量的引用声明类似于函数原型声明。

6.5.3 变量的存储类别

在 C 语言中,变量是对程序中数据所占用内存空间的抽象。定义变量时,用户不但可以指定变量的名字和数据类型,而且还可以用存储类别说明指定变量的存储类别。变量的数据类型是其操作属性,它决定变量可参与的运算以及占内存的大小。变量的存储类别指的是数据在内存中的存储方式,它确定变量在内存中的存储位置和空间分配方式,从而能决定变量的生存期。

C 语言把变量的存储类别分为自动存储和静态存储两类。图 6.5.1 示意了一个用户程序在内存中的存储分配。数据分别存放在动态存储区和静态存储区中。其中动态存储区是在函数调用过程中进行动态分配的存储单元,用来存放 auto 局部变量、形参及函数调用时的现场保护和返回地址等数据;静态存储区是程序编译时就分配的固定存储单元,用以存放全局变量及 static 局部变量等数据。程序

图 6.5.1　C 程序的内存分配图

区(也称代码区)用来存放程序的代码,即程序中的各个函数代码。

C 语言中与存储类别有关的说明符有 auto(自动的)、register(寄存器的)和 static(静态的)等。存储类别告诉编译程序应该怎样为该变量分配存储空间,指定存储类别的变量定义格式如下:

存储类型名　数据类型名　变量名列表;

例如:

```
auto char c1,c2;              //说明 c1,c2 为自动变量
register int i,j;             //说明 i,j 为寄存器变量
static float x,y,z;           //说明 x,y,z 为静态变量
```

1. auto 局部变量

若在函数内按如下格式定义变量:

auto　数据类型名　变量名列表;

则称这样定义的局部变量为自动类型局部变量,简称自动变量。由于 auto 可省略,所以函数内凡未加存储类别说明符定义的局部变量均为自动变量,到目前为止定义的局部变量都是自动变量。自动变量仅在定义该变量的函数体或程序块内有效。每当定义该变量的函数被调用或进入定义该变量的复合语句时,系统自动为自动变量在内存的动态存储区内分配存储单元,开始自动变量的生存期,当函数调用结束或退出复合语句时,所分配的存储单元自动被释放,生存期结束。因此,当函数调用结束(或退出复合语句)时,自动变量中存放的数据也就消失。如果该函数再次被调用,系统重新为它们另行分配存储单元。函数被调用运行期是该函数自动局部变量的生存期。

对自动变量初始化不是在编译时进行,而是在函数调用时进行。每调用一次函数重新对自动变量初始化。如果自动变量在定义时未初始化,则它的值是不确定的。使用自动变量的好处是"用之则建,用完即撤",这样可以节省大量内存空间。

函数的形参也是自动变量。

2. register 局部变量

若在函数内部或复合语句内按如下格式定义变量:

register　数据类型名　变量名列表;

则称这些变量为寄存器变量。关键字 register 要求 C 编译器把变量的值存储在 CPU 的寄存器中,而不像普通变量那样存储在内存中。对 register 变量的操作速度远快于存储在内存中的普通变量。register 只能施于局部变量和函数形参。例如对于频繁使用的循环控制变量、循环体内反复使用的变量及形参等均可定义为寄存器变量。

【例 6.5.2】 寄存器变量示例。

```
long fac(register int n)           //参数 n 为寄存器存储类别
{
    register long f = 1;           //变量 f 为寄存器存储类别
    if(n < 0) return 0;
    for(; n;n -- )
```

```
        f * = n;
    return f;
}
```

说明：函数中 n 和 f 在循环中反复使用，所以 n 和 f 定义成 register 变量。

虽然可以在程序中随意定义 register 变量，但由于 CPU 仅有为数不多的寄存器可供使用，能定义为 register 变量的数量是有限的，具体限制由运行环境和 C 编译程序的实现确定。

C 编译程序会自动将超过限制的 register 变量转成自动变量，给它们在动态存储区分配内存单元。因此，register 变量也是自动存储类的。

现代编译器都有优化功能，可以自动将使用频繁的变量放在寄存器中而不需要编程者特别指定，所以在程序设计中往往并不需要使用 register 关键字。

3. static 局部变量

若在函数(或复合语句)内按如下格式定义变量：

static　数据类型名　变量名列表；

则称这样定义的局部变量为静态局部变量。静态局部变量属于静态存储类。编译时将静态局部变量分配在内存的静态存储区。与自动变量相同的是，静态局部变量的作用域也是从定义的位置起，到函数体(或复合语句)结束为止。而与自动变量不同有如下 2 点：

（1）在程序的整个运行期间，静态局部变量在内存的静态存储区中占据固定的存储单元，即在定义该变量的函数调用结束后其所占据的存储单元并不释放，下次该函数再被调用时，静态局部变量仍使用原来的存储单元。由于并不释放这些存储单元，上次调用结束时保存在存储单元的值仍然保留。

（2）静态局部变量的初值是在编译时赋给的（仅赋值一次），即在程序运行已经初始化。定义该变量的函数每次被调用时不再初始化，而是保留上次函数调用结束时的值。如果静态局部变量在定义时未赋初值，编译时会自动被初始化为 0。而对自动变量，系统不会自动为其初始化，因此在定义自动变量时若没有初始化，其值是不确定的。

【例 6.5.3】 比较程序 1 和程序 2，观察自动局部变量与静态局部变量在调用过程中的变化情况。

程序 1：

```
# include < stdio. h >
void fun()
{
    int x = 1;                      //每次调用时,都要重新初始化;
    x++;
    printf("x = % d\t",x);
}
int main()
{
    int i;
    for(i = 0;i < 3;i++) fun();
    printf("\n");
}
```

运行结果如下：

x=2　x=2　x=2

程序2：

```c
#include<stdio.h>
void fun()
{
    static int x=1;                //仅初始化一次
    x++;
    printf("x= %d\n",x);
}
int main()
{
    int i;
    for(i=0;i<3;i++) fun();
    printf("\n");
    return 0;
}
```

运行结果如下：

x=2　x=3　x=4

4. 全局变量

全局变量也称外部变量，属于静态存储类。编译时将全局变量分配在静态存储区。其生存期是程序的整个运行期间。即在程序的整个运行期间，全局变量在内存的静态存储区中占据固定的存储单元。全局变量的初值是在编译时赋给的，如果全局变量在定义时未赋初值，编译时自动初始化为0。

可以用static限定全局变量的作用范围，使它只能被本源文件中的函数引用，格式如下：

　　static　数据类型名　变量名列表；

则称这样定义的变量为静态全局变量。静态全局变量与没加保留字static定义的全局变量的区别是其作用域只限于本源文件，即使其他源文件使用extern进行外部变量声明，也不可使用。使用静态全局变量的好处是当多人合作编写一个大程序时，各编程员可以各自命名自己的全局变量而不必担心是否与其他文件中的变量同名，以保证文件的独立性。

总之，使用全局变量可以实现函数之间的数据通信，但同时也降低了函数和文件的独立性，因此在程序设计时应有限制地使用全局变量。

习题

一、问答题

1. main函数的创建符合函数定义的格式吗？
（1）完全符合

(2) 不符合,它没有形参

(3) 不一定

2. 请指出下面哪些函数是有值函数。

(1) ```
int f1()
{
    return 5;
}
```

(2) ```
int f2()
{
    return 0;
}
```

(3) ```
void f3()
{
    printf("%d",5);
    return;
}
```

(4) ```
void f4()
{
}
```

3. 请指出哪些函数的调用方法正确。

(1) ```
int f1()
{
    return 5;
}
```
调用：c = f1();

(2) ```
int f2(int a)
{
    return a * a;
}
```
调用：c = f2(3);

(3) ```
void f3(int x, int y)
{
    printf("%d", x * y);
}
```
调用：c = f3(3,4);

(4) ```
void f3(int x, int y)
{
    printf("%d", x * y);
}
```
调用：f3(3,4);

4. 下面是一段正确的程序,先阅读,然后回答问题。

```
#include <stdio.h>
```

```c
    float area1,area2,area3;              //定义全局变量
    float cal(float x,float y,float z)    //计算长方体的表面积与体积的函数
    {
        float volume;
        area1 = x * y;
        area2 = x * z;
        area3 = y * z;
        volume = x * y * z;
        return volume;
    }
    int main ()
    {
        float length,width,height,v;
        printf("请输入长、宽、高: \n");
        scanf("%f%f%f",&length,&width,&height);
        v = cal(length,width,height);//调用 cal 函数求体积、表面积
        printf("各表面体是: %.2f, %.2f, %.2f\n",area1,area2,area3);
        printf("体积是: %.2f\n",v);
        return 0;
    }
```

(1) 在 cal 函数中,只 return 了 volume,但 main 函数中还需要 3 个表面积的值,可以用下面语句返回 4 个值吗?

```
return volume, area1,area2,area3;
```

(2) area1,area2,area3 定义为全局变量,有什么作用?将它们定义在 cal 函数内,可以吗?

二、选择题

1. C 语言程序由函数组成。正确的说法是(   )。

    A. 主函数必须写在其他函数之前,函数内可以嵌套定义函数

    B. 主函数可以写在其他函数之后,函数内不可以嵌套定义函数

    C. 主函数必须写在其他函数之前,函数内不可以嵌套定义函数

    D. 主函数必须在写其他函数之后,函数内可以嵌套定义函数

2. 一个 C 语言程序的基本组成单位是(   )。

    A. 主程序　　　　　B. 子程序　　　　　C. 函数　　　　　D. 过程

3. 以下说法正确的是(   )。

    A. C 语言程序总是从第一个定义的函数开始执行

    B. C 语言程序中,被调用的函数必须在 main()函数中定义

    C. C 语言程序总是从主函数 main()开始执行

    D. C 程序中的 main()函数必须放在程序的开始处

4. 已知函数 fun 类型为 void,则 void 的含义是(   )。

    A. 执行函数 fun 后,函数没有返回值

    B. 执行函数 fun 后,可以返回任意类型的值

    C. 执行函数 fun 后,函数不再返回

D. 以上三个答案都是错误的

5. 下列对 C 语言函数的描述中,正确的是(　　)。
   A. 调用有参函数时,实参的值传递给形参
   B. 函数必须有返回值
   C. C 语言函数既可以嵌套定义又可以递归调用
   D. C 程序中有调用关系的所有函数都必须放在同一源程序文件中

6. 以下叙述中错误的是(　　)。
   A. 函数形参是存储类型为自动类型的局部变量
   B. 外部变量的默认存储类别是自动的
   C. 在调用函数时,实参和对应形参在类型上只需赋值兼容
   D. 函数中的自动变量可以赋初值,每调用一次赋一次初值

7. C 语言中的函数(　　)。
   A. 不可以嵌套调用
   B. 可以嵌套调用,但不能递归调用
   C. 可以嵌套定义
   D. 嵌套调用和递归调用均可

8. C 语言中函数返回值类型由(　　)决定。
   A. 调用该函数的主调函数类型
   B. 函数参数类型
   C. return 语句中的表达式类型
   D. 定义函数时指定的函数类型

9. C 语言规定,调用一个函数,实参与形参之间的数据传递方式是(　　)。
   A. 由实参传给形参,并由形参传回来给实参
   B. 按地址传递
   C. 由用户指定方式传递
   D. 按值传递

10. 下列叙述错误的是(　　)。
    A. 形参是局部变量
    B. 复合语句中定义的变量只在该复合语句中有效
    C. 主函数中定义的变量在整个程序中都有效
    D. 其他函数中定义的变量在主函数中不能使用

11. 若函数类型和 return 语句中的表达式类型不一致,则(　　)。
    A. 运行时出现不确定结果
    B. 返回值的类型以函数类型为准
    C. 编译时出错
    D. 返回值的类型以 return 语句中表达式的类型为准

12. 下面函数定义正确的是(　　)。
    A. double fun(double u,v)
       {return u + v;}
    B. double fun(double u; double v)
       {return u + v;}

C. double fun(float u,float v) 　　　　D. double fun(u,v)
　 {return u + v;}　　　　　　　　　　　　{ float u,v; return u + v;}

三、编程题

1. 有多项式公式 $f(x)=3*x^3+2*x^2+5*x+1$，编写函数 int f(int x)，计算上面多项式的值，并返回该值。在 main 函数中调用 f 函数，计算并输出 f(1),f(2),f(12),f(15),f(25) 的值。

2. 编写函数求两个整数的最小值，int min(int x, int y)，返回 x 和 y 中较小者。在主函数中通过键盘输入三个整数，调用该函数，输出其中的最小值。

3. 写一个函数"int fun(int n, int k);"，求正整数 n 从右边开始数的第 k 个数字，并在 main 函数中输入数值测试这个函数。

　　输入样例：1234 3
　　输出样例：2

若给的数字 k 超过该整数的位数，应给出提示信息。

4. 写一个判别水仙花数的函数，在主函数中调用该函数，求出所有水仙花数。

5. 编写判别完数的函数 wanshu(int x)，功能为判断 x 是否为完数，如果是，则返回 1，不是，则返回 0。在 main() 函数中利用判别完数的函数，求出 1000 以内所有的完数。

6. 计算阶乘和数。假设有这样一个三位数 m，其百位、十位和个位数字分别是 a、b、c，如果 $m=a!+b!+c!$，则这个三位数就称为三位阶乘和数（约定 0!=1）。

　　编写计算 n 的阶乘的函数 long fact(int n)，在主程序中调用该函数，编程输出所有的三位阶乘和数。

7. 写一个判别素数的函数，在主程序中验证哥德巴赫猜想（即任一个大于 4 的偶数都可以表示为两个素数之和），只要找出第一对满足条件的素数即可。

8. 写两个函数，分别求两个整数的最大公约数和最小公倍数。在主函数中输入两个整数，分别调用这两个函数，并输出结果。

9. 金字塔图形问题：编写一个函数，其函数原型声明为"void draw(int n);"。函数功能是根据 n 的个数（0<n<14），输出由字母组成的一个金字塔图形，编写主程序，测试该函数。例如 n=6 时，输出结果如下：

```
      A
     ABC
    ABCDE
   ABCDEFG
  ABCDEFGHI
 ABCDEFGHIJK
```

第 7 章 编译预处理

CHAPTER 7

前面已使用过以"#"号开头的命令,如#include < stdio. h >等。这种以"#"号开头的命令称为预处理命令。虽然预处理命令不是 C 语言的组成部分,但也是由 C 统一规定的,为了区别于一般的 C 语句,规定预处理命令必须从新的一行开始,以"#"号打头,以回车符结束。预处理命令不能被编译程序所识别,必须在编译之前由专门的预处理程序进行转换。

现在的 C 编译系统一般都包括预处理、编译和连接等部分。C 编译系统对 C 源程序的一般处理过程是首先运行预处理程序扫描源代码,对源程序中的预处理命令进行转换和处理;然后运行编译程序,把源程序编译成目标代码;最后运行连接程序,把目标代码连接成可执行文件。当然上述几个步骤可以一气呵成。

C 语言中提供了诸如宏定义、文件包含、条件编译等多种预处理功能,这些预处理功能有效地扩展了 C 语言程序设计的环境,合理地使用它们将有助于减少程序设计和维护的工作量,增强程序的可读性和可移植性。

7.1 宏定义

宏提供了一种文本替换机制,C 语言中用预处理命令#define 定义宏。宏定义有不带参数和带参数两类,不带参数的宏定义实现简单文本替换。带参数的宏定义具有类似函数的功能。

7.1.1 不带参数的宏

不带参数的宏定义一般形式如下:

#define　标识符　[字符序列]

其中标识符应遵循 C 语言标识符命名规则,它就是该命令所定义宏的名字,简称宏名。字符序列可以为空,也可以是一串字符,用于在预处理时替代宏名,称作替换文本。标识符与字符序列之间应当用一个以上的空格或制表符隔开。

预处理时,预处理程序将把源程序中出现在宏定义之后的所有宏名逐一替换成相应的替换文本。这样的替换过程称为宏扩展或宏替换。例如,宏定义:

#define　PI　3.14159

将指示预处理程序把源程序中出现的所有 PI 都"就地"替换成 3.14159,再如语句:

```
s = PI * r * r;
```

经宏扩展后变成语句：

```
s = 3.14159 * r * r;
```

使用宏定义时，应当注意下列 6 点：

(1) 宏定义只能以"回车"符结束，预处理程序将宏定义中从宏名之后的第一个非空白字符开始到换行符之前的所有字符作为替换文本。例如，宏定义：

```
#define  STEP  10;
```

将指示预处理程序将语句：

```
i + = STEP/2;
```

替换成：

```
i + = 10; /2;
```

显然宏替换后得到的语句是错误的，但由于宏替换时只作简单的文本替换，不作语法正确性检查，宏替换产生的错误要等到编译时才会被发现。有时宏替换后并没有产生语法错误，编译时就无法发现不当的宏替换，例如上例中预处理程序将语句"i＋＝STEP－2;"替换成"i＋＝10;－2;"。宏替换后的语句并没有语法错误，编译时不会发现错误。

(2) 如果宏定义超过一行，可以在该行行末加一个反斜杠"\"来续行。例如：

```
#define  LONG_STRING  this is\
not a very long string
```

(3) 如果在字符常量、字符串常量和注释中出现宏名，则不作扩展。例如，即使有下面的宏定义：

```
#define HI hello
```

语句：

```
printf("HI");
```

输出的仍然是 HI，而不是 hello。

(4) 允许嵌套使用宏，也就是说，一个宏名可以出现在另一个宏的替换文本中。例如：

```
#define  X  5
#define  Y  X+1
#define  Z  Y*X
```

预处理程序在每次宏扩展之后都将对新扩展的文本作一次扫描，若其中还含有宏名则将进一步扩展。如语句：

```
a = Z;
```

将被按下面的顺序逐层替换：

```
a = Y * X;    →a = X + 1 * 5;    →a = 5 + 1 * 5;
```

（5）尽管宏名也是标识符，但它不是变量，不分配内存空间，因此不能当作一个变量使用。事实上，宏名更像是一个常量。比如前面定义的宏 X 实际上就是 5，因此，不带参数的宏也被称作符号常量。

为了便于与变量名及其他标识符相区分，习惯上将宏名写成大写。

（6）宏定义中可以没有替换文本，如：

```
#define  EMPTY
```

这种宏定义通常作为条件编译（见 7.3 节）检测的一个标志。

使用无参宏定义有两方面好处：一是提高程序的可读性，描述性的宏名有助于更好地理解对应的替换文本的含义和用途；二是可以减少程序中同一个常量的重复书写，并方便对该常量的修改。例如程序中需要多次使用数值常量 3.14159，程序中就要反复出现这个值，不仅麻烦，而且容易写错。如果把 3.14159 定义为宏 PI，然后在程序中用 PI 代替 3.14159，不仅简单明了不易出错，而且当需要改变其精度时，不必查找整个程序逐一修改，只需要修改宏定义即可。

7.1.2 带参数的宏

带参数的宏定义的一般形式如下：

```
#define  标识符(参数表) [字符序列]
```

其中参数表是一系列由逗号分隔的标识符，这些标识符的作用与 C 语言函数中形参类似，标识符与括号"("之间不能有空格。

定义带参数的宏之后，在后续的源程序中可以采用如下类似函数调用的形式来调用带参数的宏：

```
宏名(实参表)
```

其中实参表中的实参也类似于函数调用中的实参，其个数必须与宏定义中的参数个数相同，否则出错。例如：

```
#define  MULT(a,b) a*b
```

定义了一个带两个参数的宏 MULT，在后续程序中就可以用如下的语句调用它：

```
printf("%d\n",MULT(1+2,3+4));
```

其中 1+2 和 3+4 作为两个实参分别与 a 和 b 相对应。

带参数宏的宏调用扩展结果可以通过两步替换得到，即首先用宏定义中的替换文本替换整个宏调用，然后将替换文本中出现的各个参数分别用宏调用中对应的实参替换。例如，上例中的语句将被扩展为如下语句：

```
printf("%d\n", 1+2*3+4);
```

定义带参数宏时应当注意宏名与括号"("之间不能有空格或制表符，否则括号及参数表都将作为替换文本的一部分。例如：

```
#define  MULT  (a,b)  a*b
```

定义的是不带参数的宏,它的替换文本是"(a,b) a * b"。若有语句:

```
printf("%d\n", MULT(2,3));
```

其宏扩展结果如下:

```
printf("%d\n", (a,b) a * b(2,3));
```

而不是:

```
printf("%d\n", 2 * 3);
```

带参数宏在调用形式上与函数十分相似,因而也被称作类函数宏。但类函数宏毕竟不是函数,它只是带参数的文本替换,两者的差异还是相当明显的。具体说明如下:

(1) 函数调用时,先对实参表达式求值,然后把实参的值赋给形参;而调用带参数宏时只是进行单纯的文本替换。例如上面的"printf("%d\n",MULT(1+2,3+4));",在宏展开时并不对实参1+2和3+4求值,而只是用实参字符序列"1+2"代替形参a,用"3+4"代替b。所以宏展开的结果是"printf("%d\n",1+2*3+4);",而不是"printf("%d\n",3*7);"。

为了保证宏展开后表达式运算的正确性,有时需要对形式参数加括号或对整个替换文本加括号。例如:

```
#define  MULT (a,b)((a) * (b))
```

(2) 函数调用时,要求实参和形参的数据类型一致,如不一致系统自动把实参转换为形参的类型,如果转换不成功则函数调用错误。而宏扩展不存在类型问题,宏名和它的参数都只是一种符号表示,没有类型,宏扩展时代入相应的字符序列即可。当然也不能通过宏扩展返回一个值。

【例7.1.1】 比较下面的 MAX 宏和 max( )函数。

```
#include <stdio.h>
#define MAX(x,y) ((x)>(y)?(x):(y))
int max(int x, int y) { return x>y?x:y;}
int main()
{
    int a = 10, b = 20;
    float x = 3.14, y = 31.5;
    printf("%d\n",MAX(a,b));
    printf("%f\n",MAX(x,y));
    printf("%d\n",max(a,b));
    printf("%d\n",max(x,y));
    printf("%f\n",max(x,y));
    return 0;
}
```

运行结果如下:

```
20
31.5000
20
31
0.0000
```

由于函数max()中两个形参是int型,第4个printf语句调用max(x,y)函数时,系统把x,y的值转换成int型后赋给形参a、b,返回一个int型的函数值31。

(3)函数调用是在程序运行时处理的,调用函数时需要为函数中定义的局部变量(包括形参)分配存储单元,把实参的值传递给形参,函数调用结束时要释放这些存储单元,返回函数值;而带参数宏的扩展是在编译前进行的,只作纯文本替换,不需要分配内存单元,不进行数据传递,更没有"返回值"的概念。

可见,使用函数调用会增加程序运行的时间开销,而使用宏扩展不会。使用宏扩展会增加程序目标代码的长度,而使用函数调用不会。

有时,用宏代替函数会提高代码的执行速度。然而宏调用是存在危险的,因为宏调用不进行类型检测,可能由于形参和实参类型不匹配而产生难以预料的后果。此外,宏调用没有"模块"功能,不利于数据保护。

7.1.3 取消宏定义

#define命令一般出现在源文件的首部(当然也可以出现在函数定义的内部),宏名的有效范围为#define命令之后到该源文件结束。如果在后面的程序中不再使用某个已定义的宏,或者已定义的宏标识符要作其他用途,则可以使用#undef命令取消该宏的定义。#undef命令的一般形式如下:

```
#undef 宏名
```

使用#undef的主要目的是把宏名局部化,即把宏名的作用域局限于需要它的代码中。宏可以重新定义,但在重新定义宏之前应用#undef命令把原定义取消,否则重新定义宏时系统会提出警告。例如:

```
#define BLOCK_SIZE 512      //定义BLOCK_SIZE
…
#undef BLOCK_SIZE           //取消BLOCK_SIZE
#define BLOCK_SIZE 128      //重新定义BLOCK_SIZE
…
```

#define有时也用作条件编译时的条件测试。

7.2 文件包含

"文件包含"是指一个源文件可以将另一个源文件的内容全部包含进来。即把另一个文件插入到本文件中。

在结构化程序设计中,通常按程序完成的功能将程序划分成若干个模块,这样可以由多个程序员合作编写。对于程序中公用的符号常量定义、类型定义、外部变量声明、函数原型声明、宏定义等,通常单独组成文件,供各模块共享。这种供各模块共用的源文件称为"标题文件"或"头文件",通常以h (head的首字母)为文件名后缀。当然头文件也可以不用".h"为扩展名,例如可以用".c"或".cpp"为扩展名。一般头文件不包含变量定义和函数定义。

C系统提供了大量的头文件,保存在系统指定的include文件夹中。如前面已使用过的

stdio.h 文件和 math.h 文件等。可以使用"文件包含"预处理命令将指定的头文件插入到本文件中，例如"♯include＜stdio.h＞"。

采用头文件的方法，可避免在每个文件开头书写这些公用量，减少了程序设计人员的重复劳动。而且，当需要修改这些公用量时，也不必逐一修改各个文件，而只需修改这个公用文件即可。

"文件包含"操作由预处理命令♯include 实现，它指示预处理程序将指定文件的全部内容插到♯include 命令所在的位置。

♯include 命令的一般形式如下：

♯include <文件名>

或

♯include "文件名"

其中，文件名必须是一个完整的文件名（扩展名不可省略），可以包含路径，例如：

♯include"c:\mydir\prog.cpp"

C 语言系统提供的头文件在 C 系统目录的 include 文件夹中，而用户自己创建的头文件通常保存在用户目录中。♯include 命令提供了两种不同的文件查找方式，♯include <文件名>命令指示预处理程序到 include 文件夹中去查找所指定的文件，如果找不到指定文件，则显示出错信息。而♯include "文件名"命令指示预处理程序先到当前用户文件夹中查找，如果没找到，再到 include 文件夹中查找，如果还找不到指定文件，则显示出错信息。一般地，要包含系统提供的头文件，文件名加尖括号，而要包含用户自己编写的头文件，文件名加双引号。

下面用图示来说明预处理程序对♯include 命令的处理，如图 7.2.1 所示。

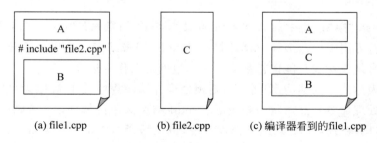

(a) file1.cpp　　　(b) file2.cpp　　　(c) 编译器看到的file1.cpp

图 7.2.1　♯include 命令处理示意图

图 7.2.1(a)为文件 file1.cpp，其中有一条♯include "file2.cpp"命令，该命令前后还有其他内容（用 A 和 B 表示）。图 7.2.1(b)为文件 file2.cpp，该文件内容用 C 表示。在编译 file1.cpp 之前，先由预处理程序将文件 file2.cpp 的全部内容替换掉♯include "file2.cpp"命令，得到图 7.2.1(c)所示的结果，然后才进行编译。预处理命令并不会真正改变源文件本身，这些改变只存在于编译阶段。因此，一般情况下编译器"看到了"预处理结果，而用户"看不到"。

编译时，源文件及被包含文件并不是作为各自独立的文件编译后再连接起来的，而是作为一个文件整体进行编译，得到一个目标文件(.obj)。因此，被包含的文件应当是源文件而不能是编译过的目标文件。

文件包含可以嵌套,即被包含文件中还可以包含其他文件。标准 C 语言要求编译器至少能支持 8 层嵌套包含,不过为程序易读性考虑,应尽量避免使用文件包含嵌套。此外,预处理程序并不检查源程序中是否已包含了某个文件,也不阻止对同一文件的多次包含。

7.3 条件编译

一般情况下,编译程序把源程序中的所有源代码编译成目标代码。但有时希望源程序中的部分代码仅在满足给定条件时才进行编译,这就是所谓"条件编译"。利用条件编译可以方便快捷地提供和维护同一软件的多种版本,因而广泛地应用于商业软件的生产中。另外,利用条件编译也有助于程序的调试和测试。

7.3.1 #if 和 #endif 命令

最常用的条件编译命令为#if、#else、#elif 及#endif。这些命令允许根据常量表达式的值,有条件地选择参加编译的源代码。这些条件编译命令的一般使用形式如下:

```
#if 常量表达式 1
程序段 1
[#elif 常量表达式 2
程序段 2]
…
[#elif 常量表达式 n
程序段 n]
[#else
程序段 n+1]
#endif
```

其中#if 和#else 与 C 语言中的 if 和 else 相似。#elif 的意思是"else if",它形成一个 if—else—if 的嵌套,可用于构造多种编译选择。#endif 用来结束一个以#if 开始的条件编译段。命令中的常量表达式只能以常量或已定义过的宏名作为运算对象。

如果常量表达式 1 的值为真(非 0),则预处理并编译程序段 1(程序段可以包含 C 语言代码和其他预处理命令),然后跳至相应的#endif 结束该条件编译段;否则,如果常量表达式 1 的值为假,则跳过程序段 1(既不作预处理,也不编译),对下一个#elif(如果有的话)中的常量表达式 2 求值,如果为真,则处理程序段 2 后跳至相应的#endif 结束该条件编译段,否则跳至下一个#elif,如此继续下去直到遇到#else 或#endif 为止。当前面的所有常量表达式都为假时,才处理#else 后的程序段 n+1。

【例 7.3.1】 利用 ACTIVE_COUNTRY 的值定义货币符号。

```
#define ACTIVE_COUNTRY 1

#if ACTIVE_COUNTRY == 1
  char currency[] = "yuan";      //语句 A
#elif ACTIVE_COUNTRY == 2
  char currency[] = "dollar";    //语句 B
```

```
#elif ACTIVE_COUNTRY == 3
    char currency[ ] = "pound";      //语句 C
#else
    printf( "Error!\n");             //语句 D
#endif
```

说明：由于宏 ACTIVE_COUNTRY 定义为 1，编译器将只编译语句 A 而忽略语句 B、C 和 D，从而在定义用于存放货币符号的字符数组 currency 的同时将其初始化为"yuan"。如果需要换作英国或美国的货币符号，只需要修改宏 ACTIVE_COUNTRY 的定义即可。

#if 及 #elif 可以多层嵌套，在嵌套中，#endif 与最近未配对的 #if 配对，#else 及 #elif 与最近的未配对的 #if 配对。例如，下面的程序段是有效的：

```
#if MAX > 100
    #if SERIAL_VERSION
        int port = 198;
    #else
        int port = 200;
    #endif
#else
    char out_buffer[100];
#endif
```

看到这里，读者可能会问，在上述例子中不用条件编译命令而直接用 if 语句也能达到同样的目的，使用条件编译有什么好处呢？的确，上述问题完全可以不用条件编译解决，但这样一来生成的目标程序的长度较长(因为所有的语句都被编译了)，运行时间也较长(因为在程序运行时需对这些 if 语句进行测试)。而使用条件编译，减少了被编译的语句，并将测试提前到预处理阶段，从而减少了目标程序的长度，节省了运行时间。当条件编译段较多时，效果尤为明显。

7.3.2 #ifdef 和 #ifndef 命令

条件编译的另一种形式是使用 #ifdef 和 #ifndef 预处理命令，它们通过检测指定的宏名是否定义来选择参加编译的程序段。#ifdef 与 #ifndef 都可以与 #else 配对使用，但不能与 #elif 配合使用。例如，在调试程序时，常常希望输出一些过程信息，而在调试完成后就不再需要输出这些信息了。可以通过在源程序中插入如下的条件编译段来实现：

```
#define DEBUG
#ifdef DEBUG
    printf ( "x = % d\n",x);
#endif
```

运行程序时将输出 x 的值。当调试工作完成后，就不再需要输出 x 的值，只要将 #define DEBUG 命令删去，重新编译时"printf ("x=％d\n",x);"语句将不产生目标代码，而无须人工逐一删除源程序中为调试而添加的语句。这里标识符 DEBUG 就像一个转换开关，可以方便地实现调试和实际运行两种状态之间的切换。

#ifndef DEBUG 命令和 #ifdef DEBUG 命令的功能相反，当宏标识符 DEBUG 没有定义时，编译下面的代码块。

7.3.3　defined 预处理运算符

除#ifdef 和#ifndef 外，还有一种方法可以检测指定的宏名是否有定义，就是将#if 或#elif 与预处理运算符 defined 连用。defined 运算符的一般使用形式如下：

```
defined  宏名
```

如果当前指定的宏名有定义，则此表达式值为真，否则为假。也就是说，如果需要判断某个宏是否有定义，可以使用下面两种方法之一：

```
#if  defined 宏名
```

或

```
#ifdef 宏名
```

可以在 defined 前面加上！表示非。例如，如果 DEBUG 无定义则编译下面的程序段：

```
#if !defined DEBUG              //等价于: #ifndef  DEBUG
    printf("Final Version!\n");
#endif
```

习题

一、选择题

1. 下列叙述中错误的是(　　)。
    A. 预处理命令必须以#号开头
    B. 预处理命令可以写成多行
    C. 预处理命令必须置于源文件的开始处
    D. 预处理命令以回车结束
2. C 语言编译系统对宏替换的处理是在(　　)进行的。
    A. 源程序编译前　　　　　　　　　B. 源程序编译时
    C. 程序连接时　　　　　　　　　　D. 程序运行时
3. 在宏定义"#define　PI　3.14159"中，3.14159 是(　　)。
    A. 单精度数　　　　　　　　　　　B. 双精度数
    C. 字符序列　　　　　　　　　　　D. 由 PI 位置确定其类型
4. 设有宏定义"#define　A　B　abcd"，则宏替换时，(　　)。
    A. 宏名 A 用 B abcd 替换
    B. 宏名 A　B 用 abcd 替换
    C. 宏名 A 和宏名 B 都用 abcd 替换
    D. 语法错误，无法替换
5. 下列有关宏的叙述中错误的是(　　)。
    A. 宏名必须使用大写英文字母
    B. 宏替换不占用程序的运行时间

C. 宏参数没有数据类型
D. 宏名没有数据类型

6. 下列宏定义,最不会引起二义性的是( )。
   A. #define ADD(a,b) a+b
   B. #define ADD(a,b) (a)+(b)
   C. #define ADD(a,b) (a+b)
   D. #define ADD(a,b) ((a)+(b))

7. 设有宏定义

   #define M 3+2

   则表达式 2*M*3 的值为( )。
   A. 30   B. 12   C. 10   D. 13

8. 设有宏定义"#define Y(n) (4*n)",则表达式 3+Y(5+1)的值为( )。
   A. 21   B. 24   C. 27   D. 30

9. 设有宏定义:

   #define N 3
   #define M N+2

   则表达式 2*M/N 的值为( )。
   A. 6   B. 3   C. 3.333   D. 错误

10. 在#include命令中,#include后面的文件名用双引号定界,则系统寻找被包含文件的方式是( )。
    A. 在C系统的include文件夹查找
    B. 在源程序所在文件夹查找
    C. 先在C系统的include文件夹查找,查找失败后再到源程序所在文件夹查找
    D. 先在源程序所在文件夹查找,查找失败后再到C系统的include文件夹查找

11. 设有以下A、B两个程序段,则说法正确的是( )。

    ```
    //A程序段                          //B程序段
    #define N 3                       #define N 3
    int main()                        int main()
    {                                 {
        if(N>0)                           #if(N>0)
            printf("N=%d\n",N);               printf("N=%d\n",N);
        else                              #else
            printf("N<=0");                   printf("N<=0");
    }                                     #endif
                                      }
    ```

    A. 两个程序目标代码相同,运行结果也相同
    B. 两个程序目标代码不同,但运行结果相同
    C. 两个程序目标代码相同,但运行结果不同
    D. 两个程序目标代码不同,运行结果也不同

12. 执行以下程序,结果为( )。

```
#define DEBUG
int main()
{
#ifdef DEBUG
    printf("DEBUG ");
#endif
    printf("OK");
}
```

A. DEBUG OK   B. OK
C. 宏定义错误   D. #ifdef 命令错误

二、编程题

1. 编写一个计算圆面积的程序,将 π 的值定义为符号常量。
2. 将求圆柱体的体积写成带参数的宏定义,并使用该宏定义计算圆柱体的体积。
3. 定义一个带有三个参数的宏 MAX,求三个参数中的最大值。

第 8 章 数 组

CHAPTER 8

到本章之前，程序中所使用的都是基本类型的数据，也称简单型数据，对应的变量也称简单变量。在实际程序设计中，经常需要处理大批量的数据，这些数据不是孤立的、杂乱无章的，而是具有内在联系、具有共同特征的整体。因此 C 语言提供了构造数据类型。所谓构造类型是指由基本数据类型按一定规则构造而成的，亦称"导出类型"。由构造数据类型可定义构造型变量。

C 语言提供的构造数据类型有数组、结构体和共用体等。

数组由一组同类型的、相关联的数据组成，组成数组的数据称为数组元素。根据数组的组成规则，数组可以分为一维数组、二维数组和多维数组。

C 语言中把字符串定义为字符数组，即数组元素为字符型的数组。字符串除了具有数组的一般定义和调用规则外，C 语言还允许对字符串进行特殊操作。

8.1 一维数组

数组由一组顺序存储的同类型数据构成。为了表示数组中的各数据，引入了"下标"概念，下标表示某数组元素在数组中的位置。因此通过数组名和下标就可以引用数组中的任一元素。

8.1.1 一维数组的定义

定义一个数组应指出该数组的名字、包含几个下标、包含几个元素和各元素的数据类型。只包含一个下标的数组称为一维数组。定义一维数组的语句格式如下：

类型说明符　数组名[常量表达式];

例如：

int array[5];

上面语句定义了一个数组 array，array 是整型数组（即数组各元素均为整型）、一维数组、数组长度为 5（即数组包含 5 个元素）。

说明如下：

（1）"数组名"是标识符，应该遵循标识符构成规则和作用域规则，即在同一作用域内，两个数组不能同名，数组和简单变量也不能同名。

（2）"类型说明符"是数组中各元素的类型，可以是简单类型，也可以是已经定义的构造类型。

（3）"数组名"后的方括号个数表示数组的维数，一个方括号表示定义的是一维数组。以此类推，定义二维数组需要两个方括号。

（4）方括号中的"常量表达式"表示数组的元素个数，即数组长度。表达式只可包含常量，不能包含变量，VC6.0不允许动态定义数组长度。

例如下面这段程序在VC6.0中将报错：

```
int n;
scanf("%d",&n);
int array[n];
```

但是该程序在Dev-C++中是正确的，数组的长度是变量，是可以变化的，在程序运行过程中由 scanf 函数输入确定。C99标准允许定义变长数组，遵循的标准不同从而导致编译器在某些语句处理方式上的不同。因此，如果使用变长数组，要特别注意使用的编译器是否支持。

（5）数组也是变量，在一个语句中可以同时定义多个数组，数组也可以和简单变量一同定义。例如：

```
int array[5],a;
```

8.1.2　一维数组的引用

数组必须先定义后引用。数组定义之后，系统为该数组在内存分配一块连续的存储空间，数组中各元素在内存中依次存放。即数组中每个元素有一个序号（下标）与存储空间的起始位置相关联，序号从零开始，序号最大值为数组长度减1。因此，若要引用数组中的某个元素应使用如下表达式：

数组名[下标]

其中"下标"是一个整型表达式，其值表示该元素在数组中的序号。

因为数组序号（下标）从0开始，所以array[2]指array数组中的第3个元素。每个数组元素等同于一个变量，通过数组元素的引用格式，可以像使用普通变量一样，给数组元素赋值、输出数组元素的值。数组元素可以作为表达式的运算对象。

1. 给数组元素赋值

【例8.1.1】 定义名为a的整型数组，该数组长度为5，并将其每个元素的值分别赋为1、2、3、4、5。

方法一：

```
int a[5];
a[0]=1; a[1]=2; a[2]=3; a[3]=4;a[4]=5;
```

方法二：

```
int a[5],i;
for(i=0;i<=4;i=i+1) { a[i]=i+1; }
```

说明:

(1) 数组定义和数组元素引用的形式相似,但意义不同。在数组定义中,方括号中的常量表达式的值代表数组长度;而数组元素引用时,方括号中的表达式可以包含变量,表达式的值是下标,代表该元素在数组中的位置。

例如,语句"int a[5];"定义数组 a,a 包含 5 个元素,即 a[0]、a[1]、a[2]、a[3]和 a[4],a[4]=5 指引用数组 a 的第 5 个元素并赋值为 5。

(2) 引用数组元素时,如果下标值非整型,系统将自动转换为整型。

2. 输出数组元素的值

【例 8.1.2】 输出数组 a 的值。

```
for(i=0;i<=4;i=i+1) { printf("%d\t",a[i]); }
```

说明:

(1) C 系统规定不能直接引用整个数组,只能引用数组元素。例如数组输出时不能写成 printf("%d\t",a),应分别输出数组中各元素。因此数组的引用通常和循环结构结合在一起。

(2) C 编译系统没有对数组下标进行越界检查。当引用数组元素时,下标值不在数组定义的下标范围内,系统并没有产生编译错误,但运行时会引用到不属于本数组的其他存储空间。因此可能会破坏其他变量的数据,或破坏目标代码甚至破坏系统程序,从而引起运行错误。这一点编程时要特别注意。例如:

```
int a[10] = {1,2,3,4,5};
printf("%d\t",a[10]);            //错误,超出下标的上界
```

【例 8.1.3】 计算某学生三门课程的平均成绩。程序中用数组 grade 存放学生各课程成绩,用简单变量 avg 存储平均成绩。

程序代码如下:

```
#include <stdio.h>
int main( )
{
    float grade[3]; avg;
    grade[0] = 90; grade[1] = 75; grade[2] = 85;
    avg = (grade[0] + grade[1] + grade[2])/3;
    printf("avg = %f\n", avg );
    return 0;
}
```

【例 8.1.4】 从键盘输入三个整数,然后按相反的顺序输出。

程序代码如下:

```
#include <stdio.h>
int main( )
{
    int i,a[3];
    printf("请输入 3 个整数: \n");
    for(i=0;i<3;i++)
```

```
        scanf("%d",&a[i]);
    for(i = 2;i >= 0;i-- )
        printf("%d\t",a[i]);
    printf("\n");
    return 0;
}
```

说明：程序中用 a[i]引用数组的某元素,当 i=0 时,引用 a[0];当 i=1 时,引用 a[1]。

8.1.3 一维数组的初始化

在定义数组时,如果数组元素的初值已确定,可以对数组进行初始化,以提高程序的执行效率。初始化数组时,数组元素的初始值用花括号括起来,各常量之间用逗号分隔,形成常量列表。常量列表的每一项和数组中各元素依次对应。例如:

```
float grade[3] = {90.0, 75.0, 85.0};
```

初始化数组应注意以下几点:

(1) 如果数组没有初始化,系统会用默认值对它初始化,其规则同简单变量一样。即外部变量或静态内部变量赋 0(数组各元素均为 0),自动变量赋随机值。

(2) 初始化数组时,初始值的个数可以比数组元素的个数少,系统把未提供初始值的元素被置为 0。例如:

```
int a[10] = {1,2,3,4,5};
```

数组 a 在内存的存储状态如下:

a[0]	a[1]	a[2]	a[3]	a[4]	a[5]	a[6]	a[7]	a[8]	a[9]
1	2	3	4	5	0	0	0	0	0

(3) 当对全部数组元素赋初始值时,可以不指定数组长度,但数组名后面的方括号不能省略。例如:

```
int a[5] = {1,2,3,4,5};
```

可以写成:

```
int a[ ] = {1,2,3,4,5};
```

但不能写成:

```
int a = {1,2,3,4,5};
```

(4) 初始化数组时,初始值的个数不能多于数组元素个数,否则错误。例如:

```
int a[3] = {1,2,3,4,5};          //错误
```

(5) 初始化是在分配存储空间时完成的,而赋值运算是在程序运行时进行的,要注意二者的区别。例如不能把

```
int a[5] = {1,2,3,4,5};
```

写成：

  int a[5]; a = {1,2,3,4,5};

或写成：

  int a[5]; a[5] = {1,2,3,4,5};

8.1.4 一维数组应用举例

【例8.1.5】 用数组求 Fibonacci 数列的前 20 项(1,1,2,3,5,8,…)。

程序代码如下：

```c
#include <stdio.h>
int main()
{
    int i,f[20] = {1,1};          //定义并初始化数组 f,使 f[0] = 1,f[1] = 1,其余元素为 0
    for(i = 2;i < 20;i++)
        f[i] = f[i-1] + f[i-2];   //数列的第 i 项等于第 i-1 项和第 i-2 项之和
    for(i = 0;i < 20;i++)
    {   printf("%d\t",f[i]);
        if((i+1) % 5 == 0)        //每输出 5 个数据后换行
            printf("\n");
    }
    return 0;
}
```

【例8.1.6】 由键盘输入一个班级的学生考试成绩,统计出本班的人数和各分数段的人数。以 10 分为一个分数段,即 0~9,10~19,…,90~99,100 共 11 个分数段。

程序代码如下：

```c
#include <stdio.h>
int main()
{
    int i,score,n = 0;            //score 为某学生成绩；n 为班级人数,初始化为 0
    int num[11] = {0};            //数组 num 保存各分数段人数,初始化为 0
    printf("输入各学生的考试成绩,当学生成绩输入结束时请输入 -1\n");
    while(1)
    {
        scanf("%d",&score);
        if(score == -1) break;
        n++;                      //统计班级人数
        num[score/10]++;          //统计各分数段人数
    }
    printf("本班考试人数为：%d\n",n);
    printf("分数段:\t人数\n");
    for(i = 0;i < 10;i++)
        printf("%d~%d:\t%d\n",i*10,i*10+9,num[i]);
    printf("100:\t%d\n",num[10]);
```

```
        return 0;
}
```

说明：

（1）程序对数组 num 初始化，可用语句"int num[11]={0,0,0,0,0,0,0,0,0,0,0};"，也可用语句"int num[11]={0};"，但不能使用语句"int num[11]=0;"，即常量列表必须加花括号。

（2）程序使用 while 循环结构控制各学生成绩的输入并进行统计，用"终止标志"结束循环。这里用－1作为终止标志，因为正常的考试成绩不可能是－1。当所有学生的成绩输入完毕，输入－1，结束循环。如果学生人数已知，一般使用 for 循环。

（3）程序用"num[score/10]++"表达式统计各分数段人数。其中下标 score/10 为 0～10 之间的整数，例如当 score 的值为 95 时，则 score/10 的值为 9，执行 num[9]++，即 90～99 分数段的人数增加一人。因此，num[0]保存 0～9 段的人数，num[1]保存 10～19 段的人数，…，num[9]保存 90～99 段的人数，num[10]保存 100 分的人数。

【例 8.1.7】 用冒泡法对 n 个整数排序。

程序代码如下：

```c
#include <stdio.h>
int main()
{
    int i,j,t,n,a[100];
    printf("n = ");
    scanf("%d",&n);
    printf("Input numbers:\n");
    for(i=0;i<n;i++)
        scanf("%d",&a[i]);           //输入数组各元素的值
    for(i=1;i<n;i++)                 //比较和交换反复多次
        for(j=0;j<n-i;j++)           //从左到右依次比较两个相邻的元素
            if(a[j]>a[j+1])          //如果左大右小,则彼此的值交换
                {t=a[j];a[j]=a[j+1];a[j+1]=t;}
    printf("The sorted numbers:\n");
    for(i=0;i<n;i++)
        printf("%d\t",a[i]);
    printf("\n");
    return 0;
}
```

说明： 所谓排序，就是把一组随意存储的数据重新安排存储位置，使这些数据按从小到大的顺序排列（称为按升序排序）或按从大到小的顺序排列（降序）。"冒泡"排序算法属交换排序算法的一种，基本方法是反复比较相邻的两个元素，如果它们不满足排序的要求，则把它们的位置交换。本例中要求按升序排序，如果 a[j]>a[j+1]，则 a[j]和 a[j+1]的内容对换。程序的内循环用于从左到右依次比较两个相邻的元素，如果左大右小，则交换两个元素的值。外循环用于控制内循环的执行次数，因为相邻元素的比较和交换需要反复多趟才能完成。

8.2 多维数组

如果数组包含多个下标,则该数组就是多维数组。

例如,每个学生参加一门课程的考试,则全班 50 个学生的考试成绩就是一个一维数组 score[50];如果本学期学习了 6 门课程,则班级成绩单就是一个二维数组 score[50][6],成绩单的每行是一个学生的成绩,每一列是一门课程的成绩;如果学生已经入学 2 年,则 4 学期的全班成绩单就是一个三维数组 score[4][50][6]。

可见,一维数组对应数学中的向量,二维数组对应数学中的矩阵。本节主要介绍二维数组。

8.2.1 二维数组的定义和引用

二维数组有两个下标。二维数组的定义形式如下:

类型说明符　数组名[常量表达式1][常量表达式2];

二维数组的定义中有两个方括号,从左至右分别称为第一维和第二维,常量表达式 1 是第一维的长度,常量表达式 2 是第二维的长度,数组元素个数为两个表达式的乘积。

通常,把第一维称为行,第二维称为列。例如:

int a[2][3];

定义二维数组 a,a 为 2 行 3 列,共有 6 个元素。6 个元素分别为

a[0][0]　a[0][1]　a[0][2]　a[1][0]　a[1][1]　a[1][2]

二维数组对应于矩阵,在逻辑上是二维的,而内存单元是按一维方式组织,连续编址的。怎样把数组的各元素存储在一块连续的内存空间? C 语言采用按行优先的存储方案,即先存储第 0 行的数据,再存储第 1 行的数据,直至最后一行。例如上面定义的二维数组 a 在内存的存储结构如下:

a[0][0]	a[0][1]	a[0][2]	a[1][0]	a[1][1]	a[1][2]

可以这样认为,一维数组是由简单类型的数据构造而成,而二维数组是由一维数组构造而成。即二维数组是元素类型为一维数组的数组。例如二维数组 a 可以看作由两个一维数组组成,即 a[0] 和 a[1]。而一维数组 a[0] 又包含 a[0][0]、a[0][1] 和 a[0][2] 三个元素,同样 a[1] 也包含 a[1][0]、a[1][1] 和 a[1][2] 三个元素。

定义了二维数组之后,就可以引用数组中的元素,二维数组元素的引用形式如下:

数组名[下标1][下标2]

一维数组的定义和引用过程中的注意事项同样适用于二维数组。除此之外,二维数组的引用时还应注意以下几点:

(1) 两个下标必须分别加方括号。例如不能把 a[0][1] 写成 a[0,1]。

(2) 行下标和列下标不能交换。例如 a[0][1] 和 a[1][0] 是两个不同的元素。
(3) a[0] 虽然是二维数组 a 的元素,但 a[0] 是一维数组,不能直接引用。

C 语言还允许定义多维数组。其定义形式如下:

类型说明符 数组名[常量表达式 1][常量表达式 2]…[常量表达式 n];

同理,包含三个下标的数组称为三维数组,三维数组可以看作元素类型为二维数组的数组。

8.2.2 二维数组的初始化

和一维数组一样,C 语言允许在定义时对二维数组进行初始化。初始化时,初始值按行的顺序排列,每行一组,每组加花括号。例如:

```
int a[3][4] = {{1,2,3,4},{5,6,7,8},{9,10,11,12}};
```

这种初始化方式事实上是把一个二维数组看成一个一维数组,其数组元素又是一个一维数组。

和对一维数组赋初值一样,也可以只对二维数组的部分元素赋初值,没有提供初值的元素其初值为 0。例如:

```
int a[3][4] = {{1},{2,3},{4,5,6}};
```

初始化后,数组 a 各元素的值分别为

```
a[0][0] = 1   a[0][1] = 0   a[0][2] = 0   a[0][3] = 0
a[1][0] = 2   a[1][1] = 3   a[1][2] = 0   a[1][3] = 0
a[2][0] = 4   a[2][1] = 5   a[2][2] = 6   a[2][3] = 0
```

又如:

```
int a[3][4] = {{1},{0,1}};
```

初始化后,数组 a 各元素的值分别为

```
a[0][0] = 1   a[0][1] = 0   a[0][2] = 0   a[0][3] = 0
a[1][0] = 0   a[1][1] = 1   a[1][2] = 0   a[1][3] = 0
a[2][0] = 0   a[2][1] = 0   a[2][2] = 0   a[2][3] = 0
```

如果为全部元素提供初值,内层花括号可以省略。即把所有初始数据按行为序写在一个花括号内,且定义数组时可以省略第一维的长度。

下面几种初始化方法等价:

```
int a[3][4] = {{1,2,3,4},{5,6,7,8},{9,10,11,12}};
int a[3][4] = {1,2,3,4,5,6,7,8,9,10,11,12};
int a[][4] = {{1,2,3,4},{5,6,7,8},{9,10,11,12}};
int a[][4] = {1,2,3,4,5,6,7,8,9,10,11,12};
```

注意:如果只对二维数组的部分元素赋初值,内层花括号不能省略。

8.2.3 二维数组应用举例

【例 8.2.1】 定义一个 5 行 5 列的二维数组 a(矩阵),输入各数组元素,输出该矩阵。

把矩阵 a 转置(行列对换),然后输出转置后的矩阵 a。

程序代码如下:

```c
#include<stdio.h>
int main()
{
    int i,j,a[5][5],temp;
    for (i=0;i<5;i++)
        for(j=0;j<5;j++)
            scanf("%d",&a[i][j]);
    printf("a矩阵的值如下:\n");
    for (i=0;i<5;i++)
    {
        for(j=0;j<5;j++)
            printf("%d\t",a[i][j]);
        printf("\n");
    }
    for (i=0;i<5;i++)                    //矩阵转置(行列对换)
        for(j=i+1;j<5;j++)               //注意循环变量j的初值
            {temp=a[i][j];a[i][j]=a[j][i]; a[j][i]=temp;}
    printf("a矩阵转置后的值如下:\n");
    for (i=0;i<5;i++)
    {
        for(j=0;j<5;j++)
            printf("%d\t",a[i][j]);
        printf("\n");
    }
    return 0;
}
```

说明:

(1) 对于二维数组,需要两重循环输入各个元素的值。

(2) 矩阵转置就是 a[i][j] 和 a[j][i] 的值对换。注意内循环的控制变量 j 的变化范围应是 i+1～n-1,a[i][j] 是主对角线上的元素,a[j][i] 是主对角线下的元素。

【例 8.2.2】 打印杨辉三角形。杨辉三角形满足以下规则:第一行有一个元素,第 n 行有 n 个元素;第一行元素值为 1,以后各行首尾元素值为 1,中间的第 k 元素值等于上一行第 k-1 元素和第 k 元素之和。下面是 6 行杨辉三角形:

在下面程序中,用一个二维数组存储杨辉三角形中的所有元素。为了便于处理,采用如下存储方式:

	0	1	2	3	4	5
0	1					
1	1	1				
2	1	2	1			
3	1	3	3	1		
4	1	4	6	4	1	
5	1	5	10	10	5	1

程序代码如下：

```c
#include <stdio.h>
#define N 6
int main()
{
    int i,j,a[N][N]={0};                    //二维数组初始化为0
    for(i=0;i<N;i++)                        //二维数组的第0列元素和对角线元素置1
        a[i][0]=a[i][i]=1;
    for(i=1;i<N;i++)                        //其他元素的值等于其左上元素与正上元素之和
        for(j=1;j<i;j++)
            a[i][j]=a[i-1][j-1]+a[i-1][j];
    printf("%d 行杨辉三角如下：\n",N);
    for(i=0;i<N;i++)
    {
        for(j=0;j<=i;j++)
            printf("%d\t",a[i][j]);
        printf("\n");
    }
    return 0;
}
```

8.3 字符串

8.3.1 字符型数组

　　数组元素类型为整型的数组称为整型数组，数组元素类型为字符型的数组称为字符型数组，简称字符数组。8.1 节中有关一维数组的定义、初始化及引用的讨论，不管数组元素是何种数据类型都是适用的。这里又对字符数组加以专门讨论，是为了讨论字符串。

　　定义字符数组并对字符数组初始化，用户提供的初始值列表必须是字符常量表。例如：

　　char　c[5]={'H','e','l','l','o'};

　　当然，定义字符数组 c 也可用下面省略数组长度的方式：

　　char c[]={'H','e','l','l','o'};

　　定义字符数组并初始化，当提供的字符常量个数少于数组元素个数时，其余元素定为空字符'\0',空字符即 ASCII 码为 0 的字符。例如：

　　char c[10] = { 'H','e','l','l','o' };

则数组 c 的值如下：

c[0]	c[1]	c[2]	c[3]	c[4]	c[5]	c[6]	c[7]	c[8]	c[9]
H	e	l	l	o	\0	\0	\0	\0	\0

注意：空字符不同于空格字符，空格字符的 ASCII 码为 32,输出时是一个空格；而空字符没有任何输出。

和一般数组一样，可以引用字符数组元素,如"c[5] = '!'",但不能引用字符数组,如"c="Hello!""是错误的。

在 C 语言中,字符型和整型是相通的,所以上面定义也可改成：

　　int c[5] = { 'H','e','l','l','o'};

当然,用整型空间存储字符型数据会造成存储空间浪费。

如果需要,也可以定义和初始化一个二维的字符数组。引用二维字符数组中的元素,得到一个字符。例如下面例子输出一个钻石图形：

```
#include<stdio.h>
int main( )
{
    char diamond[][5] = {{' ',' ','*'},{' ','*',' ','*'},{'*',' ',' ',' ','*'},{' ','*',' ','*'},{' ',' ','*'}};
    int i,j;
    for(i=0;i<5;i++)
    {
        for(j=0;j<5;j++)
            printf("%c",diamond[i][j]);
        printf("\n");
    }
    return 0;
}
```

8.3.2　字符串

字符串就是一串字符,是程序设计中经常使用的数据,例如学生的姓名、商品的名称等。在 C 语言中,并没有专门设置"字符串类型",而是将字符串作为字符数组来处理。

字符数组是一种构造型数据,不能整体处理。而在实际应用中,经常把字符串当作基本类型的数据,需要对字符串进行整体处理。为此,C 语言对字符数组进行了补充定义。

1. 字符串结束符

系统在存储字符串时,自动在字符串后面加入空字符('\0'),作为字符串结束符。例如字符串""Hello"",系统在内存的实际存储为

2. 字符数组初始化

可以用字符串对字符数组初始化，例如下面几种字符数组的定义和初始化方式等价：

```
char c[6]={'H','e','l','l','o','\0'};
char c[]={'H','e','l','l','o','\0'};       //数组长度可以省略
char c[6]={'H','e','l','l','o'};           //初始值个数小于数组长度,c[5]初始化为'\0'
char c[6]={"Hello"};
char c[6]="Hello";                         //花括号可以省略
char c[]="Hello";                          //数组长度可以省略
```

上面各语句都是定义字符数组 c,数组的长度为 6。字符数组的值为字符串 Hello,字符串的长度为 5。所谓字符串长度就是该字符串所包含的字符个数(不包括字符串结束符)。可见存储字符串的字符数组长度必须大于字符串长度。

注意,"char c[]="Hello""和"char c[]={'H','e','l','l','o','\0'}"等价。但"char c[]="Hello""和"char c[]={'H','e','l','l','o'}"不等价。为什么？

如果不把字符数组看作是字符串,字符数组中不一定要包含值为"'\0'"的元素。

3. 字符数组的输入和输出

对字符数组进行输入输出,除了可以使用格式符""%c""逐个字符输入或输出外,还可以使用格式符""%s""对字符数组整体输入或输出。

1) 字符数组元素值的输出

下面对字符串 c 的两种输出方式等价：

```
i=0;
while(c[i]) printf("%c",c[i++]);           //以字符方式输出
printf("%s",c);                            //以字符串方式输出
```

显然,第二种方式比较简练。

执行"printf("%s",c)"时,输出从 c[0]到结束符"\0"前的所有字符。当字符数组 c 包含多个结束符时,第一个结束符后的字符不输出；当字符数组 c 不包括结束符时,输出 c 的全部字符及数组 c 之后的字符,直到遇到一个"'\0'"时停止。

2) 以字符方式输入字符数组元素值

```
int i=0;char c[6];
while(i<=4)
    c[i++]=getchar();                      //以字符方式输入
c[5]='\0';
    printf("%s",c);
```

键盘输入：abc123456（回车）
屏幕输出：abc12

利用循环,逐字符输入。循环 5 次,将键盘输入的前 5 个字符,分别存入 c[0]至 c[4]。结束循环后,单独给 c[5]赋字符串结束符,则 c 数组中保存的字符构成一字符串,可用"%s"格式输出。

3) 以字符串方式输入字符数组元素值

执行"scanf("%s",c)"时,字符数组 c 从键盘读取字符串,直到遇到空格或回车键为止

(即输入时字符串不能包含空格字符)。同时系统会自动在接收到的字符后面加一个"'\0'"。例如：

```
int main()
{
    int c[5];
    scanf("%s",c);                        //字符串变量c之前可加&运算符或不加
    printf("%s\n",c);
    return 0;
}
```

键盘输入：abc　123(回车)
屏幕输出：abc
键盘输入：abcdefg（回车）
屏幕输出：abcdefg

当数组c接收的字符串长度超过数组长度时，不会产生错误，但字符串会占用其他存储空间，可能会引起运行错误，应特别注意。

使用scanf函数可以一次输入多个字符串，各个输入串之间以空格或回车符分隔。

在"scanf("%s",c)"中，输入项是字符数组名。输入项前可以不加运算符"&"（也可以加）。因为数组名c本身就是字符数组的起始地址。

8.3.3　字符串处理函数

为了减轻一般用户的编程工作量，C语言提供了大量的字符串处理函数，这些字符串处理函数主要应用于字符串输入输出、字符串复制、合并、修改、比较、转换和搜索等。其中用于输入输出的字符串函数原型声明包含在头文件"stdio.h"中，其他字符串函数原型声明包含在头文件"string.h"中。下面介绍几个常用的字符串处理函数。

1. 字符串输出函数 puts

格式：puts（字符串）

功能：将字符串输出到屏幕并换行。

说明：指定的字符串可以是字符串常量或字符数组。

例如：

```
puts("abc\t1234");                        //相当于 printf("abc\t1234\n");
```

又例如：

```
char s[] = "abc\n12345"
puts(s);                                  //等价于 printf("%s\n",s);
```

使用puts函数输出字符串比较简单。使用printf函数不仅可以输出字符串，还能输出其他类型的数据，而且输出格式丰富。

2. 字符串输入函数 gets

格式：gets（字符数组）

功能：从键盘上输入一串字符，赋给指定的字符数组。

说明：从键盘输入的字符串以回车符结束，其中可以包含空格字符。这也是gets(s)函数和scanf("%s",s)函数的主要区别。

例如，执行以下程序：

```
#include <stdio.h>
int main( )
{
    char c[5];
    gets(c);
    puts(c);
    return 0;
}
```

键盘输入：abc   123
屏幕输出：abc   123

3. 字符串连接函数 strcat

格式：strcat（字符数组，字符串）

功能：将"字符串"连接到"字符数组"之后，并把字符数组的首地址返回。

说明：函数中的字符串可以是字符串常量或字符串变量（即字符数组）。函数调用之后，"字符串"的值不变，"字符数组"的长度为原来两串长度之和。

例如：

```
#include <stdio.h>
#include <string.h>
int main( )
{
    char a[5] = "abc",b[5] = "123";
    puts(strcat(a,b));
    puts(a);
    puts(b);
    return 0;
}
```

运行上面程序，输出结果如下：

abc123
abc123
123

4. 字符串复制函数 strcpy

格式：strcpy（字符数组，字符串）

功能：将"字符串"复制到"字符数组"，并把字符数组的首地址返回。

说明：函数调用之后，用"字符串"的值代替字符数组的值，而"字符串"的值不变。
字符串复制起到字符串赋值运算的功能。strcpy(a,b)相当于a=b,但后者语法错误。

例如：

```
#include <stdio.h>
#include <string.h>
```

```
int main( )
{
    char a[5] = "abcd",b[5] = "123";
    puts(strcpy(a,b));
    puts(a);
    puts(b);
    return 0;
}
```

运行上面程序,输出结果如下:

123
123
123

5. 字符串比较函数 strcmp

格式:strcmp(字符串1,字符串2)

功能:比较两个字符串的大小,当两字符串相等时返回函数值0;当字符串1的值小于字符串2的值时返回函数值-1;当字符串1的值大于字符串2的值时返回函数值1。

说明:两个字符串比较大小时,从左到右依次比较两字符串对应字符,当遇到某字符不同时,字符的 ASCII 码大者所在字符串为大;如果两字符串的长度相等,且各对应字符也相同,则两字符串相等。

例如,"strcmp("abc","abb")"的值为 1,"strcmp("ab","abb")"的值为-1。

两个字符串比较一定要借助于 strcmp 函数,不能使用关系运算符。例如关系式""ab"=="abb""虽然没有语法错误,但是没有意义,运算结果不是预期的。详见后面的指针运算。

6. 测字符串长度函数 strlen

格式:strlen(字符串)

功能:返回"字符串"的长度(不包括字符串结束符'\0')。

说明:要注意字符数组的长度和字符串长度的区别。

例如:

```
#include <stdio.h>
#include <string.h>
int main( )
{
    char a[5] = "abc";
    printf("字符串 a 的长度: %d\n",strlen(a));
    strcat(a,"123");
    printf("字符串 a 的长度: %d\n",strlen(a));
    return 0;
}
```

说明:在上面程序中,字符数组定义并初始化后,数组的长度为5,但字符串的长度为3,经过字符串连接运算后,字符串的长度为6。

7. 小写字符串函数 strlwr

格式:strlwr(字符数组)

功能：把"字符数组"中的所有大写字母转化为小写，其他字符不变。
说明：函数的实际参数只能是字符数组，不能是字符串常量。

8. 大写字符串函数 strupr

格式：strupr（字符数组）
功能：把"字符数组"中的所有小写字母转化为大写，其他字符不变。
说明：函数的实际参数只能是字符数组，不能是字符串常量。

8.3.4 字符串应用举例

【例8.3.1】 从键盘输入三个英文单词，输出其中最大的单词（单词大小按字典顺序）。

程序代码如下：

```c
#include <stdio.h>
#include <string.h>
int main()
{
    char s1[15],s2[15],s3[15],max[15];
    gets(s1); gets(s2); gets(s3);
    if(strcmp(s1,s2)>0)               //s1 和 s2 比较大小
        strcpy(max,s1);               //如果 s1 较大,把 s1 的值赋给 max
    else
        strcpy(max,s2);               //如果 s2 较大,把 s2 的值赋给 max
    if(strcmp(s3,max)>0)              //s3 和 max 比较大小
        strcpy(max,s3);               //如果 s3 较大,把 s3 的值赋给 max
    printf("max: %s\n",max);
    return 0;
}
```

【例8.3.2】 输入一个句子（一行字符），统计其中有多少个单词。句子中各单词之间用一个以上的空格分隔开。

程序代码如下：

```c
#include <stdio.h>
int main()
{
    char string[255];
    int i,num = 0;
    gets(string);
    if(string[0]!=' ') num = 1;
    for(i = 0;string[i];i++)
        if(string[i]==' ' && string[i+1]!=' ')
            num++;
    printf("There are %d words in the line.\n",num);
    return 0;
}
```

键盘输入：I　am　a　student.

屏幕输出：There are 4 words in the line.

说明：统计单词个数的过程是从 strung[0]开始直到字符串结束（string[i]== '\0'），

依次检查字符串各字符,如果字符串的第 i 个字符为空格字符而第 i+1 个字符为非空格字符,说明第 i+1 个字符是某单词的开始字符,则单词数量加 1;如果句子不是以空格开始,句子的第一个单词无法统计,这时 num 的初值应该是 1。

【**例 8.3.3**】 不调用 strcat 函数,把字符串 str2 连接到字符串 str1 之后。如果字符数组 str1 的存储空间不够,直到把 str1 填满为止。

程序代码如下:

```
#define N 10
#include <stdio.h>
int main( )
{
    char str1[N],str2[N],i=0,j=0;
    gets(str1); gets(str2);
    while(str1[i]) i++;                    //查找字符数组 str1 的结束符
    while(str2[j] && i<N-1)                //当 str2 串结束或 str1 串空间不足时结束
        {str1[i]=str2[j]; i++; j++;}
    str1[i]=0;                             //在字符数组 str1 的最后填入字符串结束符
    puts(str1);
    return 0;
}
```

键盘输入:abcd
　　　　　12345
屏幕输出:abcd12345
键盘输入:abcdef
　　　　　1234567
屏幕输出:abcdef123

习题

一、选择题

1. 设有定义 int a[10]={1,2,3};,则 a[2]的值为(　　)。
   A. 3　　　　　　　　B. 2　　　　　　　　C. 1　　　　　　　　D. 0
2. 下面(　　)是字符串结束符。
   A. '\0'　　　　　　B. end　　　　　　　C. '\t'　　　　　　D. enter
3. 下面(　　)是错误的数组定义。
   A. int a[2*i];　　　　　　　　　　　　B. int a[10];
   C. int b[10+10];　　　　　　　　　　　D. float x[15-5];
4. 设有定义 int a[3];,下面数组元素的赋值中,错误的是(　　)。
   A. a[3]=3;　　　　B. a[1]=1;　　　　C. a[0]=2;　　　　D. a[2]=100;
5. 设有定义 int a[5];,下面(　　)不可以给 5 个数组元素赋值。
   A. a={1,2,3,4,5};
   B. for(i=0;i<5;i++)

      a[i]=i;
   C. for(i=0;i<5;i++)
      scanf("%d",&a[i]);
   D. a[0]=1;a[1]=1;a[2]=2;a[3]=3;a[4]=4;

6. 以下数组定义中,错误的是( )。
  A. int a[]={1,2,3};   B. int a[5]={1,2,3};
  C. int a[3]={1,2,3,4};   D. int a[5],b;

7. 设有定义 int a[10]={0};,则说法正确的是( )。
  A. 数组a有10个元素,各元素的值为0
  B. 数组a有10个元素,其中a[0]的值为0,其他元素的值不确定
  C. 数组a有1个元素,其值为0
  D. 数组初始化错误,初值个数少于数组元素个数

8. 以下数组定义中,正确的是( )。
  A. int a={1,2,3,4};   B. int a[][2]={1,2,3,4};
  C. int a[2][]={1,2,3,4};   D. int a[][]={{1,2},{3,4}};

9. 设有定义 int a[8][10];,在 VC 中一个整数占用4字节,设 a 的起始地址为1000,则 a[1][1]的地址是( )。
  A. 1000   B. 1004   C. 1036   D. 1044

10. 已知有数组定义 int a[ ][3]={1,2,3,4,5,6,7,8,9};,则 a[1][2]的值是( )。
  A. 2   B. 5   C. 6   D. 8

11. 在以下字符串定义、初始化和赋值运算中,错误的是( )。
  A. char str[10]; str= "String";
  B. char str[10]= "String";
  C. char str[10]={ 'S','t','r','i','n','g'};
  D. char str[]={ 'S','t','r','i','n','g',0};

12. 设有以下字符串定义,则 s1 和 s2 ( )。

  char s1[]={ 'S','t','r','i','n','g'};
  char s2[]= "String";

  A. 长度相同,内容也相同   B. 长度不同,但内容相同
  C. 长度不同,但内容相同   D. 长度不同,内容也不同

13. 设已定义 char str[6]={ 'a','b','\0','c','d','\0'};,执行语句 printf(("%s",str)后,输出结果为( )。
  A. a   B. ab   C. abcd   D. ab\0cd\0

14. 引用数组元素时,数组元素下标不可以是( )。
  A. 字符常量 B. 整型变量 C. 字符串 D. 算术表达式

15. 已定义字符数组 s1 和 s2,以下错误的输入语句是( )。
  A. scanf("%s%s", s1 , s2);   B. scanf("%s%s" , &s1 , &s2);
  C. gets(s1,s2);   D. gets(s1);gets(s2);

16. 下面程序段的运行结果是(　　)。

```
void main()
{
    char   a[]="abcd",b[]="123";
    strcpy(a,b);
    printf("%s\n",a);
}
```

  A. 123　　　　　　B. 123d　　　　　　C. abcd　　　　　　D. abcd123

二、程序设计题

1. 输入一维整型数组 a(长度为 10)的各元素值，求数组中最小元素的值及其在数组中的位置。

2. 输入一维实型数组 a(长度为 10)的各元素值，求数组中所有元素之和及其平均值。

3. 输入一维整型数组 a(长度为 10)的各元素值，请把数组中的值按逆序存放，然后输出数组。例如数组中原来的值为 3、4、……、2、1、6，颠倒后变成 6、1、2、……、4、3。

4. 输入一个整数(位数不确定)，从高位到低位依次输出各位数字，其间用逗号分隔。例如输入整数为 2345，则输出应为 2、3、4、5。

5. 编写程序读取一个 5×5 的整数数组，然后显示出每行的和与每列的和。进一步地，假设输入每个学生 5 门测验的成绩，有 5 个学生。然后计算每个学生的总分和平均分，以及每门测验的平均分、最高分和最低分。

6. 输入一个由大写字母组成的字符串，求字符串中包含了几个不同的字母。

7. 文本加密。输入一字符串，将其中所有的大写英文字母+3，小写英文字母-3，然后再输出加密后的字符串。

8. 输入一字符串和一个字符，统计出字符在字符串中出现的次数。

9. 输入一个英文句子，如果两单词之间多于一个空格，则删除多余的空格。然后输出处理前后该句子的长度。

10. 不要调用 strcpy 函数，把字符数组 str2 中的字符串复制到字符数组 str1 中。

第 9 章 结构体、共用体和枚举类型
CHAPTER 9

本章主要介绍自定义数据类型的定义方法,以及通过数据类型定义相应的变量。C 语言允许用户自定义的数据类型包括结构体类型、共用体类型和枚举类型,其中结构体和共用体属构造类型,枚举型属简单类型。C 语言还允许通过 typedef 命令对已经定义的数据类型取别名。

9.1 结构体

数组类型用于表示一组相关联的、同类型的数据集合。一个数组不仅存储一批同类型数据,而且能表达各数据元素之间的线性关系。在实际应用中,有时要将不同类型的数据元素组合成为一个有机整体。例如,一种商品包括商品编号、商品名称、商品价格、商品库存量以及商品的生产厂家等信息,这些数据项是相互联系的。在 C 语言中,为了将这些互相联系而类型不相同的数据作为一个整体处理,引入了一种称为结构体类型(structure)的数据类型。即结构体类型由一组相关联的数据元素构造而成,各元素的数据类型可以相同或不相同。

9.1.1 结构体类型的定义

到目前为止,大都是使用系统提供的类型定义变量。例如:

```
int a,b;
char c[10];
```

其中 int 和 char 是系统定义的类型名,是系统保留字。

然而结构体类型比较复杂,系统并无法事先为用户定义一种统一的结构体类型。因此,在定义结构体变量之前,用户要先定义结构体类型。即用自己定义的结构体类型定义结构体变量。

定义结构体类型,应该指出该结构体类型叫什么名字,包含哪些数据元素(数据元素也称为结构体成员项或域成员),各数据元素叫什么名字,属于什么数据类型等。定义结构体类型的一般格式如下:

```
struct   结构体名
{
    数据类型    成员项1;
```

```
    数据类型       成员项 2;
              ⋮
    数据类型       成员项 n;
};
```

其中关键字 struct 是语句主体，是该语句必需的；"结构体名"是用户定义的标识符；花括号包围的是结构体成员列表，各结构体成员的定义方式和一般变量的定义方式相同；结构体类型定义是一个语句，当然应以分号结束。

例如，定义商品的数据类型如下：

```
struct   Commodity
{
    char   Name[20];
    int    Price , Count;
    char   Provenance[30];
};
```

该结构体类型的名字是 Commodity，它包含 4 个成员项：第一个成员叫 Name，是字符数组，用于存放商品名称；第二个成员叫 Price，是整型数据，用于记录商品的价格；第三个成员叫 Count，也是整型数据，用于记录库存商品的数量；最后一个成员叫 Provenance，是字符数组，用于存放生产厂家的名称。

从这个例子可以看出，在结构体定义中，成员项可以是已经定义的各种数据类型，包括已经定义的结构体类型。如果结构体的成员项又是结构体，称为嵌套结构体。例如：

```
struct   Date
{
    int   year,month,day;
};
struct   Commodity_Date
{
    char   Name[20];
    int    Price;
    int    Count;
    struct   Date   Production_Date;
    char   Provenance[30];
};
```

在结构体"struct Commodity_Date"中，有一个成员项 Production_Date 是"struct Date"类型的，用它表示商品的生产日期。

结构体的类型定义只是定义了一种数据类型，只规定了这种数据类型的变量在内存中的存储分配模式，并没有分配实际的内存空间。当定义了结构体变量之后，系统才在内存为变量分配存储空间。可见，结构体类型定义是为结构体变量定义服务的。

9.1.2 结构体变量定义和初始化

1. 结构体变量的定义

结构体类型反映的是所处理对象的抽象特征，而要描述具体对象时，就需要定义结构体类型的变量，简称结构体变量或结构体。所以结构体变量的定义必须在结构体类型定义之

后,它的一般形式如下:

```
struct   结构体类型名   结构体变量名;
```

例如前面已定义了结构体类型"struct   Commodity",就可以用它来定义变量:

```
struct   Commodity_Date   TV;
```

上面语句定义了结构体变量 TV 是"struct Commodity"类型的,变量 TV 有五个成员项,每个成员项的类型和名字就是"struct Commodity_Date"结构体类型定义中给出的。变量定义之后,系统按照结构体类型制定的内存模式为变量 TV 分配内存空间,如图 9.1.1 所示。

Name	Price	Count	Production_Date			Provenance
			year	month	day	
Television	2100	20	2005	1	20	Shanghai

图 9.1.1   结构体变量存储分配示意图

在一个语句中可以同时定义几个相同类型的变量,结构体变量名以逗号分隔开。例如:

```
struct   Commodity_Date   TV,Phone,Computer;
```

结构体变量定义也可以和结构体类型定义同时进行,其形式如下:

```
struct   结构体名
{
    数据类型      成员项 1;
    数据类型      成员项 2;
        ⋮
    数据类型      成员项 n;
}   结构体变量表;
```

例如:

```
struct Commodity
{
    char   Name[20];
    int    Price;
    int    Count;
    char   Provenance[30];
}c1 ,c2,c3;
```

这种定义形式的作用与前面给出的结构体类型和结构变量分开定义的作用相同。

当结构体类型和结构体变量同时定义时,可以省略结构体名,例如:

```
struct
{
    char   Name[20];
    int    Price;
    int    Count;
    char   Provenance[30];
} c1 ,c2 ,c3;
```

但是省略了结构体名,在程序的其他位置就不能再使用这种结构体类型定义其他结构体变量。

2. 结构体变量的初始化

如果结构体变量的值已知,在定义结构体变量的同时,可以给它的成员项赋初值,这就是结构体的初始化。它的一般形式如下:

struct　结构体类型　结构体变量={初始化数据表};

其中初始化数据表中各数据之间用逗号隔开,初始化数据表中的数据个数必须和结构体成员项的个数相同,而且数据类型必须适合于相对应的成员项。例如,定义商品结构体变量并初始化:

```
Commodity_Date  TV={" Television",2100,30,{2005,1,20},"Shanghai"};
```

经过上面定义和初始化,结构体变量 TV 各成员项的值分别是 TV.Name="Television",TV.Price=2100,TV.Count=30,TV.Production_Date.year=2005,TV.Production_Date.month=1,TV.Production_Date.day=20,TV.Provenance="Shanghai"。参见图 9.1.1。

在初始化列表中,内层的花括号可以省略,而最外层的花括号是必需的。例如:

```
Commodity_Date  TV={"Television",2100,30,2005,1,20,"Shanghai"};
```

如果定义结构体变量时没有初始化,各成员项取系统设定的默认值,即自动变量取随机值,静态变量取 0。

9.1.3　结构体变量的引用

1. 对结构体变量成员项的引用

在程序设计中,对结构体变量的引用主要是引用它的成员项。对结构体变量成员的引用形式如下:

结构体变量名.成员名

其中"."为分量运算符。因为运算符"."在 c 语言的所有运算符中优先级别最高,所以可以把"结构体变量名.成员名"看作是一个整体。

例如上面定义的结构体变量 TV,它的成员项的引用形式如下:

TV.Name,TV.Production_Date.year,TV.Provenance

例如:

```
TV.Count=30                    //表示将 30 赋值给变量 TV 中的 Count 成员
TV.Production_Date.day=20      //表示将 20 赋值给变量 TV 中的 Count 成员的 day 成员
```

结构体的成员项也称为成员变量(类似于数组的下标变量),其作用和简单变量一样,可以作为表达式的运算对象,进行各种操作运算。例如:

```
scanf("%s",TV.Name);
scanf("%d",&TV.Price);
```

TV.Price- = 100;

【例 9.1.1】 编写程序,统计库存电视机的总价格。

程序代码如下:

```
struct Commodity
{
    char    Name[20];
    int     Price;
    int     Count;
    char    Provenance[30];
};

int main()
{
    int Total;
    Commodity TV = {"Television",2100,20,"Shanghai"}; //定义并初始化结构体变量
    Total = TV.Price * TV.Count;
    printf("The Total Prices of %s is %d\n",TV.Name,Total);
    return 0;
}
```

运算结果如下:

The Total Prices of Television is 42000

从示例程序可以看到,结构体类型定义语句可以放置在函数内部,也可以放置在函数外部。如果结构体类型名作为全局标识符,可以在各函数中使用。

2. 对结构体变量的整体引用

同类型的结构体变量可以相互赋值(包括作为函数参数的值传递)。除此之外,不能对结构体变量进行整体引用。

【例 9.1.2】 结构体整体赋值示例。

```
int main()
{
    struct {int a;char b;} st1 = {20,'a'},st2;
    st2 = st1;
    printf("%d\n%c\n",st2.a,st2.b);
    return 0;
}
```

【例 9.1.3】 结构体变量作为函数参数示例。

```
struct st {int a;char b;};
void print(st st1)
{
    printf("st.a = %d\nst.b = %c\n",st1.a,st1.b);
}
int main()
{
    st st2 = {20,'a'};
```

```
    print(st2);              //调用函数 print 时,把实际参数 st2 的值赋给形式参数 st1
    return 0;
}
```

所谓同类型的结构体变量是指在同一语句定义的变量(如例 9.1.2)或由同一个结构体类型标识符定义的变量(如例 9.1.3)。例如下面的程序是错误的:

```
int main()
{
    struct {int a;char b;} st1 = {20,'a'};
    struct {int a;char b;} st2;
    st2 = st1;                //错误
    printf("%d\n%c",st2.a,st2.b);
    return 0;
}
```

9.1.4 结构体数组

在实际程序设计中,经常使用到结构体数组。所谓结构体数组是数组元素类型为结构体类型的数组。结构体数组和整型数组、字符数组相比较,概念上并没有什么差别,只是结构体和数组嵌套,可以表示更复杂的数据结构。

1. 结构体数组的定义

结构体数组的定义一般形式如下:

struct   结构体名   结构体数组名[整常量表达式];

例如:

```
struct   Commodity
{
    char   Name[20];
    int    Price;
};
struct   Commodity aTV[3];
```

上面定义了一个结构体数组 aTV。aTV 有三个元素,分别是 aTV[0]、aTV[1]和 aTV[2]。aTV 各元素类型是 Commodity,各元素由有两个成员项。

结构体数组的数组名表示该结构体数组的存储区域首地址,数组中各个元素在内存中依次连续存放,数组元素中的各成员项也是依次连续存储。数组 aTV 在内存的存储结构如图 9.1.2 所示。

aTV[0].Name	aTV[0].Price	aTV[1].Name	aTV[1].Price	aTV[2].Name	aTV[2].Price
TV21	1500	TV27	1800	TV29	2100

图 9.1.2   结构体数组存储结构示意

2. 结构体数组的初始化

结构体数组在定义的同时也可以进行初始化,一般形式如下:

struct   结构体类型   结构体数组名[整常量表达式] = {初始化数据表};

例如：

```
struct Commodity
{
    char    Name[20];
    int     Price;
} aTV[3] = {
        {"TV21",1500},
        {"TV27",1800},
        {"TV29",2100}
    };
```

在对结构体数组进行初始化时，方括号"[ ]"中数组长度可以省略，编译时，系统会根据初值个数来确定结构体数组元素的个数。但同样要特别注意初始化数据的顺序以及它们与各成员项之间的对应关系。

和二维数组的初始化一样，对结构体数组的初始化中，初始化数据表中内层花括号可以省略，但为了增加程序的可读性，最好还是不要省略。

【例9.1.4】 在学生成绩表中求各学生的总成绩和全班各课程的平均成绩。

序号	姓名(name)	数学(maths)	语文(Chinese)	英语(English)	总成绩(sum)
1	Zhang san	90	86	92	
2	Li si	88	75	78	
3	Wang wu	91	74	65	
全班平均					

程序代码如下：

```c
#include<stdio.h>
#define N 3
struct student
{   char name[10];
    int maths, chinese, english, sum;
};
int main()
{
    struct student stu[N+1];    //stu[0]存储全班平均成绩,stu[i]存储第 i 个学生的成绩
    int i, m_ave = 0, c_ave = 0, e_ave = 0;
    printf("请输入各学生的姓名、数学、语文和英语成绩\n");
    for(i = 1; i <= N; i++)
    {
        printf("第%d个学生：",i);
        scanf("%s",stu[i].name);
        scanf("%d%d%d",&stu[i].maths,&stu[i].chinese,&stu[i].english);
        stu[i].sum = stu[i].maths + stu[i].chinese + stu[i].english;  //计算各学生总成绩
        m_ave += stu[i].maths;                              //计算全班数学课总分
        c_ave += stu[i].chinese;                            //计算全班语文课总分
        e_ave += stu[i].english;                            //计算全班英语课总分
    }
    stu[0].maths = m_ave/N;                                 //计算全班数学课平均分
```

```
        stu[0].chinese = c_ave/N;                              //计算全班语文课平均分
        stu[0].english = e_ave/N;                              //计算全班英语课平均分
        for(i = 1;i <= N;i++)
            printf("%s\t%d\t%d\t%d\t%d\n",stu[i].name,stu[i].maths,stu[i].chinese,
                        stu[i].english,stu[i].sum);
        printf("平均:\t%d\t%d\t%d\n",stu[0].maths,stu[0].chinese,stu[0].english);
        return 0;
}
```

运行程序,输出以下结果,其中加下画线部分为用户输入的数据。

请输入各学生的姓名、数学、语文和英语成绩
第 1 个学生:<u>zhangsan 90 86 92</u>
第 2 个学生:<u>lisi 88 75 78</u>
第 3 个学生:<u>wangwu 91 74 65</u>
zhangsan   90   86   92   268
lisi   88   75   78   241
wangwu   91   74   65   230
平均: 89   78   78

【例 9.1.5】 用另一种数据结构处理例 9.1.4 的学生成绩表。

序号	姓名(name)	成绩(score)			
		数学(1)	语文(2)	英语(3)	总成绩(0)
1	Zhang san	90	86	92	
2	Li si	88	75	78	
3	Wang wu	91	74	65	
全班平均					

程序代码如下:

```
#include<stdio.h>
#define N 3
#define M 3
struct student
{   char name[10];
    int score[M+1];          //每个学生有M个课程,score[j]是第j课程成绩,score[0]是总成绩
};
int main()
{
    student stu[N+1];        //stu[0]存储全班平均成绩,stu[i]存储第i个学生的成绩
    int i,j;
    for(i = 0;i <= N;i++)
        stu[i].score[0] = 0;                //各学生的总成绩赋初值0
    for(j = 0;j <= M;j++)
        stu[0].score[j] = 0;                //各课程的总成绩赋初值0
    printf("请输入各学生的姓名、数学、语文和英语成绩\n");
    for(i = 1;i <= N;i++)
    {
        printf("第%d个学生:",i);
```

```
            scanf("%s",stu[i].name);              //输入第 i 个学生的姓名
            for(j=1;j<=M;j++)
            {
                scanf("%d",&stu[i].score[j]);     //输入第 i 个学生的第 j 门课程成绩
                stu[i].score[0] += stu[i].score[j];   //求第 i 个学生的总成绩
                stu[0].score[j] += stu[i].score[j];   //求第 j 门课程的总成绩
            }
            stu[0].score[0] += stu[i].score[0];   //求各学生总成绩的总和
        }
        for(j=0;j<=M;j++)
            stu[0].score[j]/=N;                   //计算各门课程的平均成绩
        for(i=1;i<=N;i++)
        {
            printf("%s\t",stu[i].name);
            for(j=1;j<=M;j++)
                printf("%d\t",stu[i].score[j]);
            printf("%d\n",stu[i].score[0]);
        }
        printf("平均:\t");
        for(j=1;j<=M;j++)
            printf("%d\t",stu[0].score[j]);
        printf("%d\n",stu[0].score[0]);
        return 0;
    }
```

例 9.1.5 和例 9.1.4 程序比较,例 9.1.5 程序中定义的数据结构更复杂,但也更具通用性。例 9.1.5 程序可以处理 N 个学生,每个学生 M 门课程的成绩表。而例 9.1.4 程序处理的成绩表要求课程数量固定。

9.2 共用体

有时为了节省内存空间,把不同用途的数据存放在同一个存储区域,这种数据类型称为共用体类型,又称联合体类型(union)。构成共用体变量的各成员项的数据类型可以是相同的,也可以是不同的。

共用体类型和共用体变量的定义方式与结构体的定义方法相似,共用体成员的引用也和结构体成员的引用方法类似。二者主要区别在于对成员项的存储方式上。

9.2.1 共用体类型的定义

可以先定义共用体类型,然后用已定义的共用体类型定义共用体变量;也可以把共用体类型和共用体变量放在一个语句中一次定义。

定义共用体类型,使用关键字 union。共用体类型定义的一般形式如下:

```
union   共用体名
{
    数据类型    成员项1;
    数据类型    成员项2;
        ⋮
```

		数据类型　　成员项 n;
　};

和结构体类型定义一样,在没有定义共用体变量之前,共用体类型定义只是说明了共用体变量使用的内存模式,并没有分配具体的存储空间。

例如:

```
union Variable
{
    short int i;
    char c;
    float f;
};
```

定义了共用体类型 union Variable,union Variable 类型的变量由 i、c 和 f 三个成员项组成,这三个成员项在内存中使用共同的存储空间,即 i、c 和 f 三个成员项在内存中具有相同的首地址。

9.2.2　共用体变量的定义

1. 共用体变量的定义

定义共用体类型之后,就可以用已定义的数据类型定义具体的共用体变量,定义共用体变量的一般形式如下:

union　共用体类型名　共用体变量列表;

例如,在上面定义了共用体类型 union Variable 之后,就可以用它定义变量:

union　Variable unVar1,unVar2;

其中 Variable 是类型名,unVar1 和 unVar2 是变量名。

当然,共用体类型定义和变量定义也可以同时进行,例如:

```
union Variable
{
    short int i;
    char c;
    float f;
}unVar1,unVar2;
```

当共用体类型定义和变量定义同时进行时,共用体类型名可以省略,例如:

```
union
{
    short int i;
    char c;
    float f;
}unVar1,unVar2;
```

定义共用体变量,系统为共用体变量分配存储空间。共用体变量存储空间的长度不是该变量所有成员项的空间长度的总和,而是把长度最大的成员项的存储空间作为共用体变量的存储空间。

例如对上面定义的共用体变量 unVar1，系统为该变量分配存储空间长度为 4 字节。因为在 VC++中，成员项 i 为 short int 型，所需空间为 2 字节；成员项 c 为 char 型，需空间为 1 字节；成员项 f 为 float 型，所需空间为 4 字节。所以变量 unVar1 的存储空间为最大成员项的存储空间。假设系统为 unVar1 分配的存储空间起始地址为 1000，因为 i 为短整型，则它占用地址为 1000 和 1001 的 2 个字节；c 为字符型，占用地址为 1000 的 1 个字节；f 为浮点数，占用 1000~1003 的四个字节。如果用 sizeof(union Variable)获得共用体类型 union Variable 的数据长度，则该数据长度为 4 个字节。这就是共用体和结构体的本质区别之处，系统为结构变量的各个成员项分配自己的存储空间，一个结构体类型的长度为其各个成员项长度之和。

2. 共用体变量的初始化

可以对共用体变量进行初始化，一般格式如下：

union 共用体类型名 共用体变量 = {初始值};

例如：

Variable unVar1 = {65};

注意，大括号不能省略，大括号中只能提供一个值。

3. 共用体变量的引用

在程序中，参加运算的经常是共用体的某个成员项，共用体成员项的引用方式和结构体成员项相同，也是使用属于运算符"．"。

例如，共用体变量 unVar1 的成员项是

unVar1.i   unVar1.c   unVar1.f

由于共用体的各个成员项共用一块存储空间，所以共用体的存储空间在某一时刻只能保存某个成员项的数据。

【例 9.2.1】 共用体变量引用示例。

程序代码如下：

```
#include<stdio.h>
union Variable
{
    short int i;
    char c;
    float f;
};
int main()
{
    Variable unVar;
    unVar.i = 10;
    unVar.c = 'a';
    unVar.f = 65.0;
    printf("unVar.i = %d\n",unVar.i);
    printf("unVar.c = %c\n",unVar.c);
```

```
        printf("unVar.f = % f\n",unVar.f);
        return 0;
}
```

运行结果如下：

```
unVar.i=0
unVar.c=a
unVar.f=65.000000
```

说明：定义了共用体变量 unVar 后，执行赋值语句"unVar.i＝10;"把整数 10 赋给成员项 i；接着执行赋值语句"unVar.c＝'a';"把字符 a 赋给成员项 c，由于成员项 i 和 c 共用存储空间，故成员项 i 的值被 c 的值覆盖了；同样，执行赋值语句"unVar.f＝65.0;"，成员项 f 的值又覆盖了成员项 c 的值。所以最后存储空间存储的是 unVar.f 的值。因为成员项 i 和 c 的值已被覆盖，所以输出的结果不是预先设置的值。

有时可以利用成员项相互覆盖特征，达到某种特殊目的。

排除了想通过成员项之间的相互覆盖达到某种特殊效果的用途，共用体变量完全可以由结构体变量替代。使用共用体变量的主要好处是节省存储空间，但以牺牲程序的易读性为代价。所以在计算机硬件成本不断降低的今天，共用体变量并不常使用。

9.3 枚举类型

在实际应用中，经常遇到一个变量只取有限的几个值，例如星期：Mon、Tue、Wed、Thu、Fri、Sat、Sun，又如颜色：red、yellow、blue、white、black 等。在 C 语言中引入了枚举类型，枚举类型变量只能取指定的几个值之一。

枚举类型属简单数据类型。用户一般应先定义一种枚举类型，然后定义属于该类型的变量。

9.3.1 枚举类型的定义

定义枚举类型就是定义该类型的值集合，即枚举变量可能的取值范围。

枚举类型定义以关键字 enum 开始，其后是枚举类型名，然后是大括号包围的枚举元素列表，一般形式如下：

enum 枚举类型名{枚举元素表};

例如：

enum Day {Mon,Tue,Wed,Thu,Fri,Sat,Sun};

说明：标识符 Mon,Tue 等称为枚举元素，也称为枚举常量。枚举元素是该枚举型变量可能的取值。枚举元素是标识符，必须符合标识符的构成规则。

在字符型中，一个字符和一个整数对应，如'A'对应 65,'a'对应 97 等。同样，在枚举类型中，一个枚举元素也和一个整数对应，默认情况下，第一个枚举元素的值为 0，第二个为 1，…，然后按序递增 1。例如上面的定义中，Mon 和 0 对应，Tues 和 1 对应，…，Sun 和 6 对应。与枚举元素对应的整数称为枚举元素的序号。

定义枚举类型,可以对枚举元素表中的枚举元素指定序号,这可以通过在该枚举元素之后加一个等号和一个整数来实现,例如:

```
enum Day{Mon = 1, Tues, Wed, Thu, Fri, Sat, Sun = 0};
```

这样,Mon 的序号为 1,Tues 的序号为 2,…,Sat 的序号为 6,Sun 的序号为 0。

如某枚举元素没有指定序号,则该元素的序号为前元素序号加 1。当然枚举元素表中任何两个元素的序号不能相同。

定义枚举类型而不直接使用整数,是因为使用枚举元素更直观,更便于记忆,更便于类型检查。总之可增加程序的可读性。

9.3.2 枚举变量的定义

1. 枚举变量的定义

定义某枚举类型之后,就可以定义该类型的变量,定义枚举变量的一般形式如下:

```
enum  枚举类型名  枚举变量列表;
```

例如:

```
enum  Day  enDay;
```

上面语句定义了枚举变量 enDay,变量 enDay 的取值范围只能是 Mon,Tue,Wed,Thu,Fri,Sat,Sun 之一。

枚举类型和枚举变量的定义也可以同时进行,例如:

```
enum  Day{Mon = 1, Tues, Wed, Thu, Fri, Sat, Sun = 0} enDay;
```

当枚举类型和枚举变量同时定义时,枚举类型名可以省略,例如:

```
enum  {Mon = 1, Tues, Wed, Thu, Fri, Sat, Sun = 0} enDay;
```

2. 枚举变量初始化

可以用枚举元素或整数对枚举变量进行初始化。但使用整数时必须进行类型转换。例如:

```
Day  enDay = Sun;
```

或

```
Day  enDay = (Day)0;
```

3. 枚举变量的使用

枚举值是简单型数据,和整型、字符型数据一样,可以作为运算对象出现在表达式中。不过枚举值一般只限于以下运算:

(1) 可以将枚举值(枚举元素或枚举变量)赋给枚举变量和整型变量。

例如:

```
Day d;
int i;
```

```
d = Mon;
i = Mon;
```

(2) 可以将整数(包括整型表达式的值)赋给枚举变量,但赋值前应进行类型转换。
例如:

```
d = (Day)(i + 1);
```

(3) 可以对枚举值进行关系运算,系统以枚举元素序号大小作为比较依据。
(4) 可以输出枚举值的序号。
由于不能对枚举变量直接输入和输出,使得枚举类型的应用受到影响。

【例 9.3.1】 枚举数组(数组元素类型为枚举型的数组)使用示例。

程序代码如下:

```
#include <stdio.h>
enum Day{Mon = 1, Tue, Wed, Thu, Fri, Sat, Sun = 0};
int main()
{
    enum Day enDay[] = {Mon, Tue, Wed, Thu, Fri, Sat, Sun};    //定义枚举数组并初始化
    for(int i = 0; i < 7; i++)
        printf("%d\t", enDay[i]);                              //输出数组元素 enDay[i]的值
    printf("\n");
    return 0;
}
```

运算结果如下:

```
1    2    3    4    5    6    0
```

【例 9.3.2】 枚举类型和字符串对比示例。

程序代码如下:

```
#include <stdio.h>
#include <string.h>
enum Day{Mon = 1, Tue, Wed, Thu, Fri, Sat, Sun = 0};
int main()
{
    printf("enum: ");
    if(Thu > Fri)                                    //枚举值比较
        printf("Thu > Fri\n");
    else
        printf("Thu < Fri\n");

    printf("string: ");
    if(strcmp("Thu", "Fri") > 0)                     //字符串比较
        printf("Thu > Fri\n");
    else
        printf("Thu < Fri\n");
}
```

运算结果如下:

```
enum: Thu < Fri
string: Thu > Fri
```

可见枚举值以序号作为比较依据,而字符串以串中各字符的序号作为比较依据。

9.4 typedef 语句

typedef 是 type define 的缩写。其实 typedef 语句并没有定义新的数据类型,而是为已定义的数据类型定义别名。Typedef 语句一般格式如下:

```
typedef  现有的类型名  新的类型名;
```

例如:

```
typedef  int  INTEGER;
```

定义类型名 INTEGER 是 int 的别名。在该语句之后的程序中,标识符 INTEGER 和保留字 int 的作用相同。例如

```
INTEGER i, j;
```

编译时系统将把它当作"int i,j;"处理,也就是将标识符 i、j 定义为整型变量。

有时通过 typedef 语句给类型取新名字,可以提供更好的程序文档,增加程序的可读性,有利于程序的通用性和可移植性。

例如,用 typedef 语句给结构体类型取别名,以缩短类型名的长度。例如:

```
typedef  struct Commodity
{
    char  Name[20];
    int   Price;
    int   Count;
    char  Provenance[30];
}COMMODITY;
```

进行上述定义之后就可以用"COMMODITY TV;"代替"struct Commodity TV;"。

又如,不同的 c 系统 int 型数据占用的字节数不同,有的 c 系统 int 型数据占用 4 字节(如 VC++),有的系统 int 型数据占用 2 字节(如 Turbo C),如果要把一个 C 程序从 VC++ 环境移植到 Turbo C 环境,可能会引起 int 型数据溢出,一种方法是把程序中的某些 int 改成 long int,但这样做既麻烦又有可能遗漏。另一种方法是在程序中用标识符 INTEGER 定义整型变量,然后在程序的开始处用 typedef 对 INTEGER 进行定义。例如在 VC++ 环境中执行:

```
typedef  int  INTEGER;
```

而当移植到 Turbo C 环境时,把 typedef 改成:

```
typedef  long  INTEGER;
```

注意：

（1）typedef 语句定义的是新类型名，而不是变量名。例如：

```
typedef int INTEGER;                    //INTEGER 是类型名
int INTEGER;                            //INTEGER 是变量名
```

（2）typedef 语句和宏定义命令 #define 的有相似之处，例如：

```
typedef int INTEGER;                    //定义 INTEGER 为 int 的别名
#define INTEGER int                     //用字符串 int 替换标识符 INTEGER
```

二者作用相同，但 #define 是在编译之前处理，而 typedef 是在编译时处理。

习题

一、选择题

1. 若已经定义

    struct stu { int a, b; } student;

则下列输入语句中正确的是（   ）。

   A. scanf("%d",&a);　　　　　　　　B. scanf("%d",&student);
   C. scanf("%d",&stu.a);　　　　　　D. scanf("%d",&student.a);

2. 若已有以下结构体定义和初始化，则值为 2 的表达式是（   ）。

    struct cmplx{
            int x;
            int y; } c[ ] = {1,2,3,4};

   A. c[0].y　　　　B. y　　　　C. c.y[0]　　　　D. c.y[1]

3. 设有如下程序段，则 vu.a 的值为（   ）。

    union u{
            int a,b;
            float c;
            } vu;
    vu.a = 1; vu.b = 2; vu.c = 3;

   A. 1　　　　B. 2　　　　C. 3　　　　D. A、B、C 都不是

4. 设已经定义

    union u{ char a;int b;} vu;

在 VC 中存储 char 型数据需要 1 个字节，存储 int 型数据需要 4 个字节，则存储变量 vu 需要（   ）个字节。

   A. 1　　　　B. 4　　　　C. 5　　　　D. 8

5. 设有定义

    enum   date {year,month,day}   d;

则下列叙述中正确的是（   ）。
   A. date 是类型、d 是变量、year 是常量
   B. date 是类型、d 和 year 是变量
   C. date 和 d 是类型、year 是常量
   D. date 和 d 是变量、year 是常量
6. 设有定义

   enum　date {year,month,day}　d;

则正确的表达式是（   ）。
   A. year＝1   B. d＝year   C. d＝"year"   D. date＝"year"
7. 若已经定义

   typedef　struct　stu { int a, b; } student;

则下列叙述中正确的是（   ）。
   A. stu 是结构体变量   B. student 是结构体变量
   C. student 是结构体类型   D. a 和 b 是结构体变量
8. 下面有关 typedef 语句的叙述中，正确的是（   ）。
   A. typedef 语句用于定义新类型
   B. typedef 语句用于定义新变量
   C. typedef 语句用于给已定义类型取别名
   D. typedef 语句用于给已定义变量取别名

二、程序设计题

1. 设计一个通信录的结构体类型，并画出该结构体变量在内存的存储形式。
2. 用结构体变量表示平面上的一个点（横坐标和纵坐标），输入两个点，求两点之间的距离。

＃ 第 10 章 指 针

CHAPTER 10

指针是 C 语言中的一个重要概念，也是 C 语言的一个重要特色。指针可以有效地表达复杂的数据结构；能动态地分配内存，更有效地利用内存空间；能方便地表示数组和字符串，提高数据处理效率；指针作为函数参数，使函数调用更加灵活。总之，在程序设计中适当使用指针，会使程序灵活高效。

指针是 C 语言中最难掌握的概念，它的使用方式灵活，功能强大，但易于出错。学习时多思考、多编程、多比较，在实践中理解指针概念并掌握指针的基本应用。

10.1 地址与指针变量

10.1.1 内存单元地址

计算机主存储器由一批存储单元组成，微型计算机以字节作为基本存储单元。每个存储单元具有唯一的地址，存储单元的地址是一个无符号整数，主存储器的所有存储单元的地址是连续的。

程序中处理的数据需要在内存中占用存储单元，编译系统根据变量的数据类型，为变量分配若干个存储单元（字节）。例如 VC++ 系统为每个字符变量分配一个字节，为每个整型变量分配 4 个字节，为每个单精度实数分配 4 个字节等。一个变量所占用存储区域的所有字节都有各自的地址，C 系统把存储区域中第一个字节的地址作为变量的地址。要访问变量中的数据，就要知道该变量的内存地址。

在前面的讨论中，已经使用了大量的变量。既包括整型、字符型等简单变量，也包括数组、结构体等构造型变量，但并没有直接使用变量的地址。事实上，高级语言屏蔽了底层的实现细节，在程序中定义的变量，编译时系统就给这些变量分配适当的内存单元，并把变量名和变量存储地址对应起来，就可以在程序中直接通过变量名访问存储单元中的数据。通过变量名访问变量中的数据，称这种变量存取方式为"直接访问"。

变量的地址也是数据，如果定义一种特殊的变量存放某变量的地址，这种变量就称为指针变量。这样，就可通过指针变量的值得到某变量的地址，然后通过该地址取得该变量的值，这就是所谓的"间接访问"。间接访问使得数据处理更加灵活，更加高效。

10.1.2 指针

存储整数的变量称为整型变量，存储字符的变量称为字符变量，存储某个变量地址的变量应该称为"地址变量"。在 C 语言中,把"地址变量"称为指针变量。

指针变量存储的是另一个变量的地址,即指针变量"指向"另一个变量对应的存储区域。这种指向是通过地址来体现的,因此地址也被称为指针,那么存放某个变量地址的变量就被称为指针变量。

变量的地址由系统分配,变量地址一经分配就不会改变,因此变量地址是一个常量。变量地址可由运算符"&"和变量名运算获得。例如程序中经常使用的输入函数 scanf("%d",&a),其中表达式"&a"的值就是变量 a 的地址,执行该函数从键盘读取一个整数,存入变量 a 的存储区域中。

数组名也是地址,它代表该数组首元素的地址。设 a 为一维数组,则有 a==&a[0],即 a 代表 a[0]的地址。

【例 10.1.1】 变量地址输出示例。

程序代码如下:

```
#include <stdio.h>
int main()
{
    int a,b[4];
    printf("a 的地址(十进制):    %d\n",&a);
    printf("b 的地址(十进制):    %d\n",b);         //b 的地址就是 b[0]的地址
    printf("b[1]的地址(十进制):  %d\n",&b[1]);
    return 0;
}
```

运行结果如下:

```
a 的地址(十进制):     1310588
b 的地址(十进制):     1310572
b[1]的地址(十进制):   1310576
```

10.1.3 指针变量的定义和初始化

指针变量属简单变量,一个指针变量存储一个变量的地址。

定义指针变量的一般形式如下:

基类型 * 指针变量名

其中,"基类型"为某个已定义的数据类型,可以是系统预定义的类型,也可以是用户自己定义的类型,可以是简单类型,也可以是构造类型。符号"*"表示定义的是一个指向"基类型"的指针变量。

例如:

```
int var = 10;
int * pointer = &var;
```

上面第一个语句定义了整型变量 var,并初始化为 10。第二个语句定义了指针变量 pointer,并用整型变量 var 的地址 &var 对它初始化。变量 var 和 pointer 之间的关系如图 10.1.1 示意。

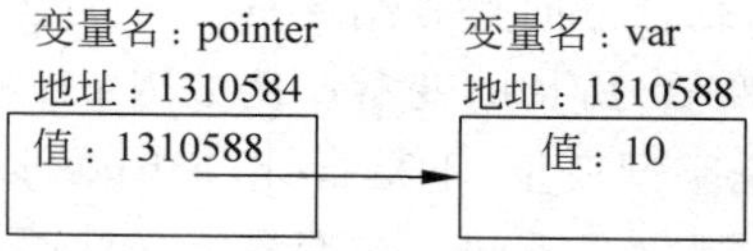

```
变量名: pointer        变量名: var
地址: 1310584         地址: 1310588
┌──────────┐         ┌──────────┐
│值: 1310588│────────→│ 值: 10   │
└──────────┘         └──────────┘
```

图 10.1.1 指针变量示意图

注意指针变量的变量名是 pointer，而不是 * pointer。指针变量 pointer 的基类型为 int，表示变量 pointer 只能存储一个整型变量的地址，不能存储其他类型变量的地址。例如下面的初始化是错误的：

```
float f;
int * p = &f;
```

即不能把一个实型变量的地址赋给一个基类型为整型的指针。

可以在一个语句中同时定义整型变量和指针变量，例如：

```
int a,b, * p1, * p2;
```

上面语句定义了整型变量 a 和 b 及基类型为整型的指针变量 p1 和 p2。

当定义一个指针变量而没有初始化，指针变量的值没有确定，即该指针不指向特定的变量。这时使用这个变量是危险的，可能造成不可预料的结果。

可以把指针变量初始化为 0，即不指向任何变量。例如：

```
int * pointer = 0;
```

或

```
int * pointer = NULL;
```

标识符 NULL 是系统定义的宏，在头文件 stdio.h 中定义，即宏定义为

```
#define   NULL   0
```

指针值为 0 和指针值不确定的意义完全不同。

10.1.4 指针的运算

1. 指针专用运算符

1) 取地址运算符 &

运算符 & 是个单目运算符，结合方向是右结合的。& 的运算对象只能是变量名（包括简单变量和构造型变量）、数组元素或结构体成员，不能是表达式。& 的运算结果就是运算对象（变量）的地址。例如：

```
int * p1, * p2,a,b[10];
p1 = &a;                //把整型变量 a 的地址赋给指针变量 p1
p2 = &b[0];             //把数组元素 b[0]的地址赋给指针变量 p2
```

2) 指向运算符 *

运算符 * 在算术运算中表示乘法运算，是双目运算符。在这里 * 称为指向运算符或间

接访问运算符,是单目运算符,结合方向是右结合的。＊的运算对象只能是指针变量,＊的运算结果得到运算对象(指针变量)所指的变量。例如当 p1=&a 时,＊p1 就表示变量 a,是对变量 a 的间接引用。＊p1 是整型变量,不是指针,＊p1 可以像一般整型变量一样使用。

注意符号 ＊ 出现在不同位置含义不同。在变量定义的语句中"int ＊ p;",int ＊ 是类型名,p 是变量名;在表达式中,符号 ＊ 既可表示乘法,也可表示指向。一个运算符有多种功能,在 C 语言中称为运算符重载,系统会根据程序的上下文自动识别,读者应根据程序需要灵活应用。

【例 10.1.2】 输入两个整数,按先大后小的顺序输出。

分析：指针变量运算示意图如图 10.1.2 所示。

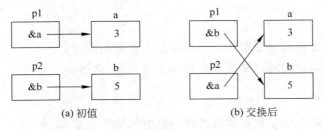

图 10.1.2　指针变量运算示意图

程序代码如下：

```
#include<stdio.h>
int main()
{
    int * p1, * p2, * p, a, b;
    printf("输入任意两个整数：");
    scanf("%d%d",&a,&b);
    p1 = &a; p2 = &b;              //如图 10.1.2(a)所示
    if(a<b)
    {
        p = p1; p1 = p2; p2 = p;   //如图 10.1.2(b)所示
    }
    printf("a = %d\tb = %d\n",a,b);
    printf("max = %d\tmin = %d\n", * p1, * p2);
    return 0;
}
```

运行结果如下：

```
输入任意两个整数：3  5
a = 3   b = 5
max = 5   min = 3
```

例 10.1.2 程序运行过程中,变量 a=3,b=5 始终没有变化,但指针变量 p1 和 p2 的值发生变化。指针变量的初值为 p1=&a,p2=&b,即 ＊p1 表示 a,＊p2 表示 b。执行 if 语句后,变量 p1 和 p2 的值交换,变成 p1=&b,p2=&a,这时 ＊p1 表示 b,＊p2 表示 a。

2. 赋值运算

可以把指针常量或另一个同类型的指针变量赋给指针变量。例如：

```
int a, * p1, * p2 = 0;          //对 p2 初始化
p1 = p2;                        //把 p2 的值赋给 p1
p2 = &a;                        //把变量 a 的地址赋给 p2
```

要特别注意，基类型相同的指针才能进行赋值运算。

指针变量的值虽然是一个整数，但不能把整数（0 除外）直接赋给指针变量，也不能把指针赋给整型变量。例如下面的运算是错误的：

```
p1 = 100;                       //错误
a = p1;                         //错误
```

3. 算术运算

1) 指针和整数进行加减运算

只有当指针指向数组时，这种运算才有意义。例如当指针 p 指向数组时，下面运算是合法的：

```
p++                             //p 指向下一个数组元素
p = p + 2                       //p 指向当前元素后的第二个元素
```

更多运算见 10.3 节。

2) 两个基类型相同的指针相减

两个指针相减的结果是一个整数，表示两个指针所指数组元素下标值之间的差，常用于字符串的操作。

4. 关系运算

两指针相等或不相等关系运算用于确定它们是否指向同一对象，两指针大小关系运算用于确定它们所指数据对象存储位置的前后关系。两指针大小比较只有对指向数组元素的指针才有意义，指向前面元素的指针变量小于指向后面元素的指针变量。例如当已定义：

```
int a[5], * p = a;
```

下面关系运算是有意义的：

```
p < a + 5                       //判断指针 p 是否指向数组 a 的元素，真为是，假为不是
p != a                          //判断指针 p 是否指向 a[0]，真为不是，假为是
p == 0                          //判断指针 p 的值是否为空
```

指针的关系运算常用于 if 语句和循环语句的条件。

10.2 指针与函数

10.2.1 指针变量作为函数参数

在 C 语言中，函数的形式参数不仅可以是整型变量、实型变量或字符型变量，也可以是指针变量。使用指针作为函数参数，主调函数将变量的地址传递给被调函数。

用指针做参数，实际参数和形式参数之间仍然是值传递，即在调用函数时，把实际参数

的值赋给形式参数。在被调函数中虽然不能改变作为实际参数的指针变量的值,但可以改变指针变量所指变量的值,从而达到在被调函数中修改主调函数变量的目的。

用指针变量作函数参数,可以获得从函数中带回多于一个值的客观效果。

【例 10.2.1】 调用函数,交换两个变量的值。

程序 1 使用整型参数,程序代码如下:

```c
#include <stdio.h>
void swap(int x, int y)
{
    int temp;
    temp = x; x = y; y = temp;           //交换形参 x,y 的值
}

int main()
{
    int a,b;
    scanf("%d%d",&a,&b);
    printf("调用函数前:a = %d\tb = %d\n",a,b);
    swap(a,b);
    printf("调用函数后:a = %d\tb = %d\n",a,b);
    return 0;
}
```

运行结果如下:

```
3 5
调用函数前:a = 3    b = 5
调用函数后:a = 3    b = 5
```

可以看出,程序 1 的函数无法实现交换功能。

程序 2 使用指针参数,程序代码如下:

```c
#include <stdio.h>
void swap(int *p1, int *p2)
{
    int temp;
    temp = *p1; *p1 = *p2; *p2 = temp;   //交换指针所指变量的值
}

int main()
{
    int a,b;
    scanf("%d%d",&a,&b);
    printf("调用函数前:a = %d\tb = %d\n",a,b);
    swap(&a,&b);                          //实参为变量的地址
    printf("调用函数后:a = %d\tb = %d\n",a,b);
    return 0;
}
```

运行结果如下:

```
3 5
```

调用函数前：a = 3　b = 5
调用函数后：a = 5　b = 3

说明：在程序 2 中，当主函数调用 swap 函数时，将实参 &a 和 &b 分别传递给形参 p1 和 p2（相当于执行 p1＝&a，p2＝&b），使得 p1 指向 a，p2 指向 b。*p1 就是 a，*p2 就是 b，在 swap 函数中，*p1 和 *p2 的值交换就相当于 a 和 b 的值交换。

通过指针参数，使得被调函数可以间接访问主调函数定义的变量。

如果把 swap 函数修改成如下，然后再调用 swap 函数，观察函数 swap 调用前后 a 和 b 值的变量情况。

```
void swap(int * p1,int * p2)
{
    int * temp;
    temp = p1;p1 = p2; p2 = temp;          //交换指针 p1 和 p2 的值
}
```

在被调函数中直接修改指针参数的值，对实参并没有影响。可见，要间接访问主调函数的变量，只能通过指针指向的变量进行。

【例 10.2.2】 已知长方体的长、宽、高，求其体积和三个侧面的面积。

程序代码如下：

```
int volume(int l, int w, int h, int * ps1, int * ps2, int * ps3)
{
    * ps1 = l * w;
    * ps2 = l * h;
    * ps3 = w * h;
    return l * w * h;
}

int main()
{
    int a,b,c,v,s1,s2,s3;
    printf("请输入长方体的三条边：");
    scanf("%d%d%d",&a,&b,&c);
    v = volume(a,b,c,&s1,&s2,&s3);
    printf("volume = %d\n",v);
    printf("s1 = %d\ts2 = %d\ts3 = %d\n",s1,s2,s3);
    return 0;
}
```

例 10.2.2 程序通过调用函数 volume() 获得长方体的体积和三个侧面的面积。volume() 涉及 7 个数据，其中把 3 个已知数定义为整型参数 l,w,h，把 4 个计算结果中一个通过 return 返回，其他三个计算结果赋值给指针参数 ps1,ps2,ps3 所指的变量，通过指针参数间接访问主函数的变量，函数调用结束后，函数的计算结果保存在主函数的变量中。

10.2.2　函数的返回值为指针

函数调用可以返回一个值，即函数值。函数值可以是整型、实型或字符型，当然也可以是指针型,即函数调用后返回一个地址。

返回指针的函数定义格式如下:

类型名 * 函数名(参数表)

例如:

```
int * fun(int x, int * p);
```

表示函数 fun 有两个参数(一个整型参数,一个指针型参数)。函数名 fun 之前有符号 *,表示函数 fun 的返回值是指向整数的指针。

返回指针的函数应用举例见下一节(指针与数组)。

10.2.3 指向函数的指针

到目前为止,都是通过函数名调用函数。

编译后的函数存储在内存中,因此函数也有地址,函数地址是指函数的入口地址(即函数代码的起始地址)。事实上,函数名指定的就是函数的入口地址。也可以用一个指针变量指向函数,然后通过该指针变量调用此函数。

定义指向函数的指针变量的一般形式如下:

数据类型(* 指针变量名)()

例如:

```
int (*p)();
```

指针变量 p 是指向某整型函数的指针变量。在定义指向函数的指针时,需要两个括号。第一括号表示优先级,表示符号 * 和 p 优先结合;第二个括号表示 * p 是函数。

如果没有第一个括号,即:

```
int *p();
```

这是函数原型说明,声明 p 函数的返回值是一个指针。

定义函数指针变量的目的之一是将函数作为另一个函数的参数。使得函数参数不仅能传递数值和地址,还能传递代码(函数)。下面举例说明。

【例 10.2.3】 求任意函数在任意区间上的定积分。

程序代码如下:

```
# include < stdio.h >
# include < math.h >
# define EPS 0.001
double fun(double x)                          //定义函数 fun(x) = x * x
{
    return x * x;
}

double integral(int a, int b, double ( * f)(double)) //求定积分
{
```

```
    double sum = 0.0 , x;
    for(x = a; x < b; x = x + EPS )
        sum +=  EPS * ( * f)(x);
    return sum;
}

int main()
{
    printf("f(x) = x * x在[0,1]区间的定积分： %f\n",integral(0,1,fun));
    printf("f(x) = sin(x)在[0,1]区间的定积分： %f\n",integral(0,1,sin));
    printf("f(x) = sqrt(x)在[0,1]区间的定积分： %f\n",integral(0,1,sqrt));
    return 0;
}
```

执行例 10.2.3 程序,分别计算 f(x)＝x*x 函数、f(x)＝sin(x)和 f(x)＝sqrt(x)在[0,1]区间上的定积分。

在函数 integral 中,包含 3 个形式参数,其中两个整型参数,一个函数指针参数。调用函数 integral 时,函数指针的实际参数可以是用户已定义的函数(如 fun(x)),也可以是系统定义的函数(如 sin(x),sqrt(x)等)。

将指向函数的指针作为函数参数,使得函数更具通用性。

10.3 指针与数组

10.3.1 一维数组与指针

1. 指向数组元素的指针

一个数组的所有元素在内存中是连续存储的,数组元素也是变量,各数组元素都有各自的地址。数组第一个元素(下标为 0 的元素)的地址称为数组的首地址。在 C 语言中,数组名就代表该数组的首地址。例如有如下定义:

  int a[10], * p;

则表达式 p＝a 和表达式 p＝&a[0]等价,都表示指针变量 p 指向数组 a 的首地址。

数组首地址是分配数组存储空间时确定的,是一个常量。因此不能对数组名赋值,例如 a＝p、a＋＋等都是错误的。

由本章第一节介绍的指针运算规则可知:

a 代表数组元素 a[0]的地址;

a＋1 就是数组元素 a[1]的地址;

……

a＋i 就是数组元素 a[i]的地址。

因此,*(a＋i)就表示 a＋i 所指的变量,即数组元素 a[i]。

用 a[i]方式访问数组元素,称为下标引用法;而用 *(a＋i)方式访问数组元素,称为指针引用法。在第 8 章中都是用下标法引用数组元素,下标法简单方便。本节主要介绍用指针法引用数组元素,指针法灵活高效。

【例 10.3.1】 指针法引用数组元素示例。

程序代码如下:

```c
#include <stdio.h>
int main()
{
    int a[] = {1,2,3,5,7,9}, i, *p;
    printf("用下标引用数组元素: \n");
    for(i = 0;i < 6;i++)
        printf(" %d\t",a[i]);
    printf("\n");

    printf("用数组名引用数组元素: \n");
    for(i = 0;i < 6;i++)
        printf(" %d\t", *(a + i));
    printf("\n");

    printf("用指针引用数组元素: \n");
    for(p = a;p < a + 6;p++)
        printf(" %d\t", *p);
    printf("\n");
    return 0;
}
```

说明:

(1) 程序中三组输出语句输出的结果相同。可见 a[i]和 *(a+i)完全等价。

(2) 第三组输出中包含了多个指针运算表达式,有赋值运算(p=a)、关系运算(p<a+6)和算术运算(p++),这些运算都是合法的。由于指针变量 p 的值是变化的,所以每次输出 *p 的值都不同。

(3) 数组名 a 是指针,但不是指针变量,因此不能使用表达式 a++。

同理,下面程序中三组输入语句也是等价的。

```c
int a[5], i, *p;
for(i = 0;i < 5;i++)
    scanf(" %d",&a[i]);                //用下标引用数组元素

for(i = 0;i < 5;i++)
    scanf(" %d",a + i);                //用数组名引用数组元素

for(p = a;p < a + 5;p++)
    scanf(" %d",p);                    //用指针引用数组元素
```

【例 10.3.2】 指针算术运算示例。

程序代码如下:

```c
#include <stdio.h>
int main()
{
    int i,a[] = {1,3,5,7,9}, *p = a;
```

```
        for(i = 0;i < 5;i++) printf("a[%d] = %d\t",i,a[i]);//输出a[i]的值
        printf("\n");
        printf("a = %d\n",p);                    //输出数组a的首地址,即a[0]的地址
        printf("p + 2 = %d\n",p + 2);            //输出a[2]的地址
        printf(" * p + 3 = %d\n", * p + 3);      //输出a[0]+3的值
        printf(" * (p + 3) = %d\n", * (p + 3));  //输出a[3]的值
        printf(" * p++ = %d\n", * p++);          //输出a[0]的值后,使p指向a[1]
        p = a;
        printf(" * ++p = %d\n", * ++p);          //使p指向a[1]后,输出a[1]的值
        printf("++ * p = %d\n",++ * p);          //输出++a[1]的值
        return 0;
    }
```

运行结果如下:

```
a[0] = 1    a[1] = 3    a[2] = 5    a[3] = 7    a[4] = 9
a = 1310568
p + 2 = 1310576
 * p + 3 = 4
 * (p + 3) = 7
 * p++ = 1
 * ++p = 3
++ * p = 4
```

说明:

从运行结果可以看到,指针和整数的相加并不是简单的算术运算,运算结果和指针变量的基类型有关。当p=a时,p表示a[0]的地址,而p+2表示a[2]的地址。因为p的基类型是整型,在VC++中一个整数占用4字节,所以p+2和p的值相差8。

* p++等价于 * (p++), * ++p等价于 * (++p)。其中运算符++作用于p,而不是作用于 * p。如果要使++作用于 * p,应写成++(* p)或++ * p。

2. 数组名作为函数参数

数组名可以作为函数参数。因为数组名代表数组首地址,所以用数组名作为参数实际上就是用指针作为函数参数。

【例10.3.3】 求数组元素的平均值。

程序代码如下:

```
#include <stdio.h>
int main()
{
    int average(int a[]);                    //函数原型声明
    int score[5] = {60,80,90,70,50},i,aver;
    printf("Scores:\n");
    for(i = 0;i < 5;i++)
        printf(" %d\t",score[i]);
    printf("\n");
    aver = average(score);                   //调用求平均值函数
    printf("Average = %d\n",aver);
    return 0;
}
```

```c
int average(int a[])                    //定义求平均值函数
{   int i,sun = 0;
    for(i = 0;i < 5;i++)
        sun += a[i];
    return sun/5;
}
```

说明：

（1）数组作为函数的形式参数，数组长度可以省略，但方括号不能省略。即 int average(int a[5])可以写成 int average(int a[])，但不能写成 int average(int a)。数组作为函数的实际参数，只能写数组名。即把 aver = average(score)写成 aver = average(score[])或 aver = average(score[5])都是错误的。

（2）数组作为函数参数，函数调用时，系统把实参数组的首地址传递给形参，而不是把实参数组各元素的值传递给形参。因此，可以把数组形参写成指针形参。即可以把 int average(int a[])写成 int average(int * a)，函数体不变。同理，实参的数组名也可以由已赋值的指针变量替代。

【例 10.3.4】 逆序输出数组元素。

程序代码如下：

```c
#include <stdio.h>
int main()
{
    void list(int * a,int n);               //函数原型声明
    int score[5] = {60,80,90,70,50},i, * p = score;
    printf("Scores:\n");
    for(i = 0;i < 5;i++)                    //输出原数组
        printf(" % d\t", * (p + i));
    printf("\n");
    list(p,5);                              //调用倒序函数
    for(i = 0;i < 5;i++)                    //输出倒序后数组
        printf(" % d\t", * (p + i));
    printf("\n");
    return 0;
}

void list(int * a, int n)                   //倒序函数定义
{   int i,t;
    for(i = 0;i < n/2;i++)
        t = a[i],a[i] = a[n - i - 1],a[n - i - 1] = t;
}
```

说明： 数组作为参数（不管用数组名或用指向数组首地址的指针变量），把实参数组的首地址传递给形参，形参和实参共用一个存储区域，因此，对形参数组元素的操作就是对实参数组元素的操作。

10.3.2 字符串与指针

在 C 语言中,使用字符数组存储字符串。字符数组除了具有一般数组的特征之外,系统还允许对字符数组进行整体操作。例如:

```
char str1[] = "This is a string ";
printf("str = %s\n ",str1);
```

C 语言还允许用字符指针表示字符串,即定义一个字符指针,然后用字符指针指向字符串中的首字符。例如:

```
char * str2 = "This is a test."
printf("str = %s\n ",str2);
```

C 语言两种表示字符串的方法如图 10.3.1 所示。

图 10.3.1　字符数组和字符指针存储分配示意

用字符数组表示字符串,系统为字符数组分配存储空间,数组名就是该存储空间的首地址(str 是地址常量);用字符指针变量表示字符串,指针变量只保存了字符串的首地址,而字符串本身并没有保存在字符指针中(实际上也无法存储),系统为字符串常量专门开辟了一块连续的存储空间,然后把该空间的首地址赋给字符指针。

可见,用字符数组和用字符指针表示字符串是有区别的。

1. 赋值运算

对字符数组不能进行赋值运算,因为字符数组名是指针常量。而对字符指针可以进行赋值运算。

例如:

不能把 char a[16]= "This is a test. " 写成　char a[16]; a= "This is a test. "。
但可以把 char * a= "This is a test. " 写成　char * a; a= "This is a test. "。

2. 输入

字符数组有确定的存储空间,可以通过外部设备把字符串输入到字符数组中。而字符指针只是简单变量,不能把字符串输入到字符指针中,但可以把字符串输入到字符指针所指向的存储空间中。

例如:

```
char a[16]; scanf("%s ",a);          //正确
char * a; scanf("%s ",a);            //①可能会引起致命错误,因为 a 的值没有确定
char * a= " "; scanf("%s ",a);       //②正确
```

在①语句行中,指针变量 a 没有初始化,其值不确定。当执行语句"scanf("%s ",a);"时,把一个字符串输入到 a 指向的存储区域(位置不确定)中,可能会覆盖其他数据,甚至会覆盖系统代码。

在②语句行中,指针变量 a 初始化指向一串空格字符,即系统为空格字符串分配确定的存储空间,并把该空间的首地址赋给指针变量 a。当执行语句"scanf("%s",a);"时,系统把从键盘输入的字符串存入 a 指向的空间,即代替原来的空格字符串。当然,从键盘读入的字符串长度也不能超过原空格字符串的长度,否则也会覆盖其他数据。

和一般指针变量一样,字符指针也可进行赋值运算、算术运算和关系运算。

【例 10.3.5】 字符指针算术运算示例。

程序 1 代码如下:

```
int main()
{
    char *a = "ABCD";
    while(*a) printf("%s\n", a++);
    return 0;
}
```

运行结果如下:

ABCD
BCD
CD
D

程序 2 代码如下:

```
int main()
{
    char *a = "ABCD";
    while(*a) printf("%c\n", *a++);
    return 0;
}
```

运行结果如下:

A
B
C
D

说明:*a++等价于*(a++)。

【例 10.3.6】 自定义求字符串长度函数。

程序代码如下:

```
int strlen(char *str)
{
    char *p = str;
    while(*p)p++;
    return p-str;                    //两指针相减即为字符串长度
}
int main()
{
```

```
    char * a = "ABCD";
    printf("len(a) = %d\n",strlen(a));
    return 0;
}
```

【例 10.3.7】 自定义字符串连接函数。即把字符串 str2 连接到字符串 str1 之后。
程序代码如下：

```
#include <stdio.h>
char * strcat(char * str1,char * str2)
{
    char * p1, * p2;
    p1 = str1;
    p2 = str2;
    while(* p1)p1++;                    //把指针 p1 指向字符串 str1 的末尾
    while(* p2){* p1 = * p2;p1++;p2++;} //把字符串 str2 的各字符依次添加到 str1 的尾部
    * p1 = '\0';                        //为新字符串添加结束符
    return str1;                        //函数返回指向字符串的指针
}

int main()
{
    char a[20] = "Chinese ", * b = "xiamen", * c;
    printf("a = %s\n",a);
    printf("b = %s\n",b);
    c = strcat(a,b);
    printf("c = %s\n",c);
    printf("a = %s\n",a);
    return 0;
}
```

运行结果如下：

a = Chinese
b = xiamen
c = Chinese xiamen
a = Chinese xiamen

如果把主函数中对 a 定义改成：

char a[] = "chinese " 或 char * a = "chinese "

运行程序后会出现什么结果？为什么？

10.3.3 指针数组

元素类型为指针型的数组称为指针数组。定义指针数组的一般形式如下：

类型名 * 数组名[数组长度];

例如：

int * p[5];

定义了数组 p,数组包含 5 个元素,各元素的类型是指向整型变量的指针。

也可以在定义指针数组时对指针数组进行初始化,例如:

```
char *name[] = {"zhang san", "li si", "wang wu"};
```

其中,数组元素 name[0]指向字符串"zhang san ",name[1]指向字符串"li si ",name[2]指向字符串"wang wu "。

定义指针数组主要是为了更方便地处理字符串数组。一个字符串可用一个字符指针表示,一组字符串就可用一个字符指针数组表示。当然,指针数组也可和一般的二维数组对应。

1. 指针数组的应用

【例 10.3.8】 分别用二维数组和指针数组表示一组学生姓名,并按字典顺序对他们排序。

程序 1,用二维字符数组表示一组学生姓名,数组的一行存储一个学生姓名。排序时,二维数组某些行的内容需要交换。程序代码如下:

```
#include <stdio.h>
#include <string.h>
int main()
{
    char name[][10] = {"zhang san","li si","wang wu","zhao liu"};
    int i,j;
    char t[10];
    printf("排序前: \n");
    for(i = 0;i < 4;i++)
        printf("name[%d] = %s\n",i,name[i]);        //name[i]是第 i 个学生姓名的首地址
    for(i = 0;i < 4;i++)                             //用冒泡法排序
        for(j = 0;j < 4 - i;j++)
            if(strcmp(name[j],name[j + 1]) > 0)
            { strcpy(t,name[j]);                     //第 j 行和第 j+1 行的内容交换
              strcpy(name[j],name[j + 1]);           //name[j]是字符数组
              strcpy(name[j + 1],t);
            }
    printf("排序后: \n");
    for(i = 0;i < 4;i++)
        printf("name[%d] = %s\n",i,name[i]);
    return 0;
}
```

运行结果如下:

排序前:
name[0] = zhang san
name[1] = li si
name[2] = wang wu
name[3] = zhao liu
排序后:
name[0] = li si
name[1] = wang wu

name[2] = zhang san
name[3] = zhao liu

排序前后各变量值变化情况如图 10.3.2 所示。

排序前：	name[0]	z	h	a	n	g		s	a	n	\0
	name[1]	l	i		s	i	\0			
	name[2]	w	a	n	g		w	u	\0	
	name[3]	z	h	a	o		l	i	u	\0

排序后：	name[0]	l	i		s	i	\0			
	name[1]	w	a	n	g		w	u	\0	
	name[2]	z	h	a	n	g		s	a	n	\0
	name[3]	z	h	a	o		l	i	u	\0

图 10.3.2 二维数组表示字符串数组

程序 2，用字符指针数组(一维数组)表示一组学生姓名，每个数组元素指向一个学生姓名，学生姓名另外开辟空间存储。排序时，指针数组某些元素的内容需要交换，但学生姓名的存储位置不变。程序代码如下：

```c
#include <stdio.h>
#include <string.h>
int main()
{
    char *name[] = {"zhang san","li si","wang wu","zhao liu"};
    int i,j;
    char *t;
    printf("排序前：\n");
    for(i = 0;i < 4;i++)
        printf("name[%d] = %s\n",i,name[i]);        //字符指针 name[i]指向第 i 个学生姓名
    for(i = 0;i < 4;i++)                            //同样用冒泡法排序
        for(j = 0;j < 4 - i;j++)
            if(strcmp(name[j],name[j+1])>0)
            { t = name[j];                          //交换数组元素 name[j]和 name[j+1]的值
              name[j] = name[j+1];                  //name[j]是指针(简单变量)
              name[j+1] = t;
            }
    printf("排序后：\n");
    for(i = 0;i < 4;i++)
        printf("name[%d] = %s\n",i,name[i]);
    return 0;
}
```

运行结果如下：

排序前：
name[0] = zhang san
name[1] = li si
name[2] = wang wu
name[3] = zhao liu

排序后:
name[0] = li si
name[1] = wang wu
name[2] = zhang san
name[3] = zhao liu

排序前后各变量值变化情况如图10.3.3所示。

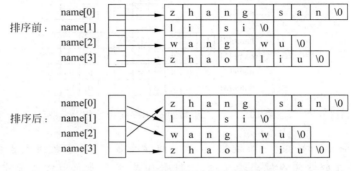

图 10.3.3　用指针数组表示字符串数

说明:

(1) 两个程序的运行结果相同。但程序2的空间利用率比较高,程序的执行效率也比较高。

(2) 在程序1中,用数组表示字符串,二维数组的第二维必须指定长度。每个学生姓名用等长空间存储,对名字字符比较少的学生,只好把部分空间置空。而程序2按学生姓名的实际长度分配存储空间。

(3) 排序时,程序1交换的是字符数组的值,而程序2交换的是字符指针的值,显然后者的用时比较少。

2. 指针数组作为 main 函数的形参

到目前为止,主函数 main() 都不带参数。其实主函数 main() 也可以带参数。当主函数带参数时,需要解决两个问题,一是函数的形参如何表示,二是函数的实参如何提供。

一个程序总是从主函数开始执行的,然后才通过主函数调用其他函数,调用函数时,主调函数把实际参数的值传递给被调函数的形式参数。其实主函数也是被调用的,主函数被操作系统调用,因此如果主函数有参数,对应的实际参数应由操作系统提供。

通过双击程序文件名而执行程序或在 VC 环境下选择"运行"命令而执行程序,用户没有机会为主函数提供实际参数。但如果用文本命令方式执行程序,就可以在输入程序名的同时为主函数输入实际参数。

C 语句规定,主函数 main() 的形式参数只能有两个,而且必须是两个。同时进一步规定,第一个参数类型必须是整型,第二个参数类型必须是字符指针数组型。习惯把第一个参数写成 argc,把第二参数写成 argv(当然,参数名只要符合标识符规则即可,不一定非得写成 argc 和 argv)。因此带参数的主函数头部形式如下:

```
int main(int argc , char * argv[ ])
```

【例 10.3.9】 带参数的主函数示例。

程序代码如下：

```c
#include <stdio.h>
int main(int argc,char * argv[])
{
    int i;
    printf("argc = % d\n",argc);
    for( i = 0;i < argc;i++)
        printf("argv[ % d] = % s\n",i,argv[i]);
}
```

把源程序编译连接之后，生成可执行文件 test.exe。假设 test.exe 文件存储于 D 盘的根目录。选择"开始|程序|附件|c:\命令提示符"命令，打开如图 10.3.4 所示的" c:\命令提示符"窗口，输入文本命令 test China Fujian Xiamen。命令由四个字符串组成，以回车键结束。各字符串之间用空格分隔。其中第一个字符串是程序名，后三个字符串是主函数的实际参数。

图 10.3.4 c:\命令提示符窗口

主函数实际参数个数不限，视实际需要而定。程序执行后，系统把实际参数的个数传递给第一个形式参数 argc(本例 argc 的值为 4，因为程序名也算一个参数)，并把各实际参数字符串的首地址分别传递给指针数组 argv 的各元素，即 argv[0]指向字符串"test"、argv[1]指向"China"、argv[2]指向"Fujian"、argv[3]指向"Xiamen"。

程序的运行结果如图 10.3.4 所示。

编程时，经常通过主函数的参数传递程序使用数据文件名等。

10.4 指针与结构体

10.4.1 指向结构体的指针

1. 结构体指针的定义

和定义其他类型的指针变量一样，也可以定义指向结构体的指针变量。指向结构体的指针存储的是结构体变量所占内存区域的首地址。例如：

```c
struct Commodity
{
    char Name[20];
    int Price ;
};
struct Commodity tv , aTV[3] , * p1, * p2, * p3;
```

其中 p1、p2 和 p3 都是指向结构体变量的指针，下面的赋值运算是正确的。

```
p1 = &tv;                //把结构体变量的地址赋给结构体指针变量
p2 = aTV;                //把结构体数组的首地址赋给结构体指针变量
p3 = &aTV[1];            //把结构体数组元素的地址赋给结构体指针变量
```

2. 用指针引用结构体成员

结构体变量使用"."运算符访问其成员。例如 tv.Price。

假设 p1=&tv,使 p1 指向 tv,即 *p1 代表 tv。因此,用指针引用结构体成员可以写成:

(*p1).Price

其中表达式中的圆括号不能省略,因为"."运算符的优先级高于"*"运算符。*p1.Price 相当于 *(p1.Price)。

除了用上述方法引用结构体成员外,C 语言专门定义了一个用指针引用结构体成员的运算符"->"。即(*p1).Price 和 p1->Price 等价。p1->Price 表示 p1 指针所指的结构体变量(这里是 tv)的 Price 成员。使用运算符"->"引用结构体成员更直观高效。

结构体变量和结构体指针都可以作为函数的参数,前者传递的是结构体变量的值,而后者传递的是结构体变量的地址。

【例 10.4.1】 结构体作为函数参数示例。其中 fun1 的参数是结构体变量,fun2 的参数是结构体指针。

程序代码如下:

```c
#include<stdio.h>
struct Commodity
{
    char    Name[20];
    int     Price;
};

void fun1(Commodity s);
void fun2(Commodity *p);
int main()
{
    struct   Commodity c = {"shanghai",2000};
    fun1(c);
    printf("main:Name = %s\tPrice = %d\n",c.Name,c.Price);
    fun2(&c);
    printf("main:Name = %s\tPrice = %d\n",c.Name,c.Price);
    return 0;
}

void fun1(Commodity s)
{
    s.Price = 1800;
    printf("fun1:Name = %s\tPrice = %d\n",s.Name,s.Price);
}

void fun2(Commodity *p)
{
    p->Price = 1800;
    printf("fun2:Name = %s\tPrice = %d\n",p->Name,p->Price);
}
```

运行结果如下:

```
fun1: Name = shanghai Price = 1800
main: Name = shanghai Price = 2000
fun2: Name = shanghai Price = 1800
main: Name = shanghai Price = 1800
```

说明:从程序的运行结果可以看到,当参数类型为结构体变量时(fun1函数),对形式参数的修改并不影响实际参数的值;当参数类型为指向结构体的指针时(fun2函数),形参、实参共用在存储空间,可以通过形式参数对实际参数的值进行修改。

10.4.2 动态存储分配

在前面介绍的程序中,系统在模块运行之前必须对该模块所定义的变量分配存储空间。这种分配方式要求变量的存储空间长度是确定的,例如数组的长度必须是常量。在实际问题中,往往事先无法确定数组长度,只好用估计值作为数组长度。如果数组定义长了,会造成存储空间浪费,如果数组定义短了,会造成空间溢出。

C语言提供了另一种存储空间分配方式,即动态分配方式。存储空间动态分配方式在程序运行时为变量分配存储空间。采用动态空间分配方式的变量没有变量名,但用户可通过存储空间的地址(指针)访问该变量。

C语言通过头文件<stdlib.h>提供以下函数,用于分配和释放存储空间。

1. malloc 函数

malloc 函数的原型如下:

```
void * malloc(unsigned size);
```

调用 malloc 函数,要求系统在内存中分配一块存储空间。函数的形参是一个无符号的整数,用于确定存储空间的长度(字节数),函数返回存储空间的首地址。函数返回的指针是无类型的,用户要根据存储空间的用途把它强制转换成相应的类型。

【例 10.4.2】 动态存储空间分配示例。

```
#include <stdio.h>
#include <stdlib.h>
int main()
{
    int * p;
    p = (int * )malloc(4);
    * p = 10;
    printf(" * p = % d\n", * p);
    return 0;
}
```

说明:表达式(int *)malloc(4)指示系统分配一块包含4个字节的存储空间,用于存储一个整数。函数返回存储空间首地址后要强制转换为整型指针,才能把该指针赋给变量 p。程序通过 *p 引用该整型变量。有时,用户并不清楚该为变量分配多少存储空间,可使用

sizeof 运算符,例如 p=(int *)malloc(sizeof(int))。sizeof(int)获得 int 型变量的字节数。

2. calloc 函数

calloc 函数的原型如下:

void * calloc(unsigned n, unsigned size);

calloc 函数的功能是为一维数组分配存储空间。形参 n 为数组长度(数组元素个数),形参 size 为数组元素长度(每个数组元素占用多少字节)。

【例 10.4.3】 动态分配数组示例。

```
#include <stdio.h>
#include <stdlib.h>
int main()
{
    int i, n, * p;
    n = 10;
    p = (int *)calloc(n, sizeof (int));
    for(i = 0;i < n;i++)
        p[i] = i;
    for(i = 0;i < n;i++)
        printf("p[ % d] = % d\n",i,p[i]);
    return 0;
}
```

说明:采用动态分配方式定义数组,数组长度可以是变量,因此可在程序运行中根据需要确定数组的长度。

3. free 函数

free 函数的原型如下:

void free(void * p);

free 函数的功能是释放由 p 指向的存储区域。

程序中的变量都有其生存期,采用动态分配方式定义的变量属于全程变量,但指向动态变量的指针往往是局部变量。例如在例 10.4.3 程序中,* p 是全程变量,而 p 是局部变量,当函数调用结束时,变量 p 被自动释放,使 * p 变成无意义。因此在释放 p 之前,应先释放 * p,否则内存中将会存在无法引用的变量,造成内存空间的浪费。函数 free 就是用于释放 * p 的存储空间,即 free 是 malloc 和 calloc 的反函数。例如 free(p)表示释放 p 指向的变量的存储空间。执行 free(p)之后,表达式 * p 是无意义的。

10.4.3 链表

用动态分配方式定义的变量没有变量名,需要通过变量的地址引用该变量,而变量的地址需要存储在另一个已定义的指针变量中。用动态分配方式定义变量的过程如下:

```
int * p;
p = (int *)malloc(sizeof(int));
```

从上述变量定义过程中并没有感到动态存储分配的灵活性。因为在定义动态变量之前必须先定义一个静态的指针变量,然后通过静态变量才能引用动态变量。如果把指向动态变量的指针也用动态方式定义,动态存储分配的灵活性就能充分体现出来。

链表是采用动态存储分配的一种重要数据结构。一个链表中存储的是一批同类型的相关联的数据。链表和数组具有相同的逻辑结构,它们之间的区别是,数组各元素的存储空间是连续的、固定的,数组元素个数一经定义是不可改变的(不管用静态存储分配方式或动态存储分配方式);而链表中元素(这里称为结点)个数是可变化的,元素的存储空间是动态分配的,逻辑上相邻的结点其存储空间不一定相邻。

链表中各结点不仅包含结点本身的值,还存储着下一个结点的地址。

按照结点之间的相互关系,常见的链表有单链表、双向链表、循环链表等。单链表结构如图 10.4.1 所示。

图 10.4.1　单链表

单链表有一个头指针,一般名为 head,head 为简单变量。头指针指向链表的第一个结点(链表的第一个结点也称为头结点)。每个结点包含两部分数据,即数据域和指针域。数据域存储结点本身的值,指针域存储与该结点相邻的下一个结点的地址。对链表中各结点的访问都必须从链表的头结点开始查找。因为第二个结点的地址存储在第一个结点中,第三个结点的地址存储在第二个结点中,以此类推。最后一个结点的指针域的值为 0,表示不指向任何结点。链表的最后结点也称为表尾结点或终端结点。

链表中各结点在逻辑上是相关联的,但各结点的存储地址不一定是连续的,各结点的存储空间在需要时向系统申请,系统根据当前内存情况为结点分配存储空间。

链表和数组相比较,链表具有存储空间分配灵活节省,插入和删除运算简单方便等优势。

以下简单介绍单链表的几种常见操作。为简单起见,在下面例子中均假设结点的数据域只包含学号(num)和成绩(score)两个整型数据,即结点类型如下:

```
struct node
{
    int num , score;
    struct node * link;
};
```

在结点类型定义中,结构体成员 link 的类型为 struct node *,即用自己定义自己,这是 C 语言对标识符"先定义后引用"规定的例外。

1. 单链表的建立

单链表的建立过程应反复执行下面三个步骤:

(1) 调用 malloc()函数向系统申请一个结点的存储空间。

(2) 输入该结点的值,并把该结点的指针域置 0。

(3) 把该结点加入到链表中。如果链表为空,则该结点为链表的头结点,否则把该结点加入到表尾。

2. 单链表的输出过程

单链表的输出过程应执行下面三个步骤:

(1) 执行 h=head,然后反复执行步骤(2)和(3),直到 h 的值为 0。

(2) 输出结点的值,即输出 h->num 和 h->score。

(3) 找到下一个结点,即执行语句 h=h->link。

【例 10.4.4】 建立包含 5 个结点的单链表,5 个结点的值分别是 101,89; 102,77; 105,92; 107,68; 109,91。并依次输出各结点的值。

程序代码如下:

```c
#include <stdio.h>
#include <stdlib.h>
struct node                                    //定义结点类型
{
    int num, score;
    struct node * link;
};
int main()
{
    struct node * creat(int n);                //函数原型声明
    void print(struct node * h);               //函数原型声明
    struct node * head = 0;                    //定义链头指针并初始化
    head = creat(5);                           //调用 creat 函数创建链表
    print(head);                               //调用 print 函数输出链表
    return 0;
}
struct node * creat(int n)                     //链表创建函数,参数 n 为结点个数,函数返回表头指针
{
    struct node * h = 0, * p, * q;
    int i;
    for(i = 1; i <= n; i++)
    {
        q = (struct node *)malloc(sizeof(struct node));   //分配一个结点空间
        scanf("%d%d", &q->num, &q->score);     //输入新结点的值
        q->link = 0;                           //新结点的指针域置 0
        if(h == 0)                             //第 1 个结点作为链头结点
            h = q;
        else
            p->link = q;                       //新结点添加到链表的末尾
        p = q;                                 //p 指针指向表尾结点
    }
    return h;                                  //返回链头指针
}
void print(struct node * h)                    //链表输出函数,参数 h 从主函数获得表头指针
{
    while(h)                                   //当指针 h 非空时输出 h 所指结点的值
    {   printf("num = %d\tscore = %d\n", h->num, h->score);
```

```
        h = h->link;                          //使h指向下一个结点
    }
}
```

链表创建过程如图 10.4.2 所示。

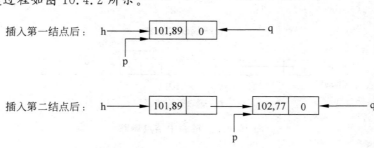

图 10.4.2 链表建立过程示意图

3. 单链表的查找

数据查找是最经常进行的操作,查找操作也是更新、删除等操作的基础。在链表中查找满足条件的结点,操作过程和链表的输出过程相似,也是要依次扫描链表中各结点。

【例 10.4.5】 编写一函数,在链表中查找指定学号的学生考试成绩,找到则输出成绩并返回该结点的地址,否则输出"查找失败"提示并返回空指针。参数 h 为链表的表头指针,参数 x 为要查找的学生学号。

程序代码如下:

```
struct node *find(struct node *h,int x)
{
    struct node *p;
    p = h;                                     //p指向表头结点
    while(p!= 0 && p->num!= x)     //查找学号为x的学生,如果当前结点不是要查找的结点
        p = p->link;                           //指针p指向下一个结点
    if(p) //如果找到,即p不等于0则输出该学生信息
        printf("num = %d\tscore = %d\n",p->num,p->score);
    else                                        //否则输出查找失败的提示信息
        printf("查无此学生!\n");
    return p;                                  //返回被查找的学生结点的地址
}
```

说明:在查找函数中,对域 num 进行查找,如果查找成功,输出该结点的值,并返回该结点的地址;如果查找失败,输出提示信息,并返回 0 指针。思考如果要查找所有考试不及格的学生,或查找考试成绩最高的学生,程序应该怎样修改?

4. 在单链表中删除指定的结点

链表中已经不需要的结点应该删除,但删除结点不能破坏链表的结构。在单链表中删除指定值的结点,并由系统回收该结点所占用的存储空间。删除结点的操作过程如下:

(1) 从表头结点开始,确定要删除结点的地址 p,以及 p 的前一个结点地址 q。
(2) 如果 p 为表头结点,删除后应修改表头指针 head;否则修改 q 结点的指针域。
(3) 回收 p 结点的空间。

图 10.4.3 是在链表中删除结点,删除前和删除后的示意,图中表示的是删除内部结点（即非表头结点）的情形。

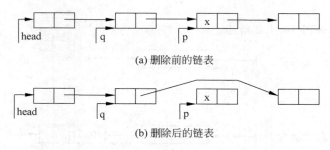

(a) 删除前的链表

(b) 删除后的链表

图 10.4.3　链表中结点删除

【例 10.4.6】　在学生成绩表中删除指定学号的结点。其中参数 h 为表头指针,参数 x 是要删除结点的学号,函数返回删除后的表头指针(因为被删除的结点可能是表头结点,如果删除表头结点,就要修改表头指针,所以表头指针需要通过函数值返回)。

删除函数的程序代码如下：

```
struct node * dele(struct node * h, int x)
{
    struct node * p, * q;
    p = h;
    while(p!= 0&&p -> num!= x)              //查找要删除的结点
    {   q = p;
        p = p -> link;
    }
    if(p == 0)                              //如果没有找到要删除的结点,输出提示信息
        printf("链表中无此结点!\n");
    else                                    //否则删除该学生的结点
        if(p == h)                          //删除的是表头结点
            h = p -> link;                  //修改表头指针
        else                                //删除内部结点
            q -> link = p -> link;          //修改 q 所指结点的指针
    free(p);                                //回收已删除结点
    return h;                               //返回表头指针
}
```

5．在链表中插入结点

根据应用的需要,可以在链表中加入新结点。加入的结点可以放在表头、表尾或链表的任意位置。例如要在学生成绩表中加入一学生的考试成绩,为了保持链表中学号的连续性（按从小到大的顺序排列）,需要根据加入结点的学号把该结点插入到链表的适当位置。在链表中插入新结点的一般过程如下：

(1) 调用 malloc() 函数分配一个结点空间,并输入新结点的值。

(2) 查找合适的插入位置。

(3) 修改相关结点的指针域。

图 10.4.4 是在链表中插入新结点,插入前和插入后的示意,图中只表示把新结点插入到链表内部的情形。如果要把新结点插入到表头,这时需要修改链表的表头指针。

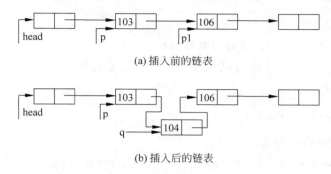

(a) 插入前的链表

(b) 插入后的链表

图 10.4.4　在链表中插入结点

【**例 10.4.7**】　把某学生的考试成绩添加到学生成绩表中,添加结点后,链表中的各结点还应按照学号从小到大的顺序排列。其中参数 h 为表头指针。同链表删除一样,函数也应返回链表的表头指针。要插入结点的值在函数中输入。

插入函数的程序代码如下:

```
struct node * add(struct node * h)
{
    struct node * q, * p, * p1;
    q = (struct node * )malloc(sizeof(struct node));    //为新结点分配存储空间
    printf("请输入学号和成绩: \n");
    scanf(" % d % d",&q->num,&q->score);          //输入新结点的值
    if(h == 0)                                    //当原链表为空表时,插入的结点为表头结点
        {q->link = 0; h = q; return h; }
    if(h->num > q->num)     //当新结点的关键字比表头结点小时,新结点作为新的表头结点
        {q->link = h; h = q; return h; }
    p = h;                                        //扫描链表确定插入位置
    p1 = h->link;
    while(p1!= 0&&p1->num < q->num)
    {   p = p1;p1 = p1->link;}                    //新结点插入到 p 结点之后,p1 结点之前
    q->link = p1; p->link = q;                    //修改相应结点的指针域
    return h;
}
```

请读者把例 10.4.5、例 10.4.6 和例 10.4.7 函数合并到例 10.4.4 的程序中,形成一个完整的链表操作程序。

习题

一、选择题

1. 设已定义"int　a, * p;",下列赋值表达式中正确的是(　　)。
　　A. * p=a　　　　　　B. p= * a　　　　　　C. p=&a　　　　　　D. * p=&a
2. 设已定义"int x, * p=&x;",则下列表达式中错误的是(　　)。

A. *&x   B. &*x   C. *&p   D. &*p

3. 若已定义

    int a = 1, * b = &a;

则"printf("%d\n", * b);"的输出结果为(　　)。

A. a的值   B. a的地址   C. b的值   D. b的地址

4. 设已定义

    int x, * p, * p1 = &x, * p2 = &x;

则下列表达式中错误的是(　　)。

A. x=*p1+*P2   B. p=p1   C. p=p1+p2   D. x=p1-p2

5. 设有函数定义

    void p(int * x){printf("%d\n", * x); }

和变量定义

    int a = 3;

则正确的函数调用是(　　)。

A. p(a)   B. p(*a)   C. p(&a)   D. p(int * a)

6. 如下函数的功能是(　　)。

```
int fun( char * x)
{   char * y = x;
    while( * y) y++;
    return(y - x);
}
```

A. 求字符串的长度   B. 比较两个字符串的大小
C. 将字符串 x 复制到字符串 y   D. 将字符串 x 连接到字符串 y 后面

7. 运行以下程序,输出结果为(　　)。

```
#include <stdio.h>
int fun(int a, int * b)
{   a++; (* b)++;
    return a + * b;
}
int main()
{   int x = 1, y = 2;
    printf("%d ",fun(x,&y));
    printf("%d ",fun(x,&y));
}
```

A. 5 5   B. 5 6   C. 6 5   D. 6 6

8. 运行以下程序,输出结果为(　　)。

```
#include <stdio.h>
int * fun(int a, int * b)
```

```
    { a++; ( * b)++;
      * b = a + * b;
      return b;
    }
    int main()
    { int x = 1, y = 2, * z;
      z = fun(x,&y);
      printf(" % d ", * z);
      z = fun(x,&y);
      printf(" % d ", * z);
    }
```

    A. 5 6   B. 5 7   C. 5 8   D. 6 8

9. 若已定义

    int a[ ] = {1,2,3,4}, * p = a;

则下面表达式中值不等于2的是(　　)。

    A. *(a+1)   B. *(p+1)   C. *(++a)   D. *(++p)

10. 若已定义

    int a[ ] = {1,2,3,4}, * p = a + 1;

则 p[2]的值是(　　)。

    A. 2   B. 3   C. 4   D. 无意义

11. 设已定义

    char s[ ] = "ABCD";

printf("%s",s+1)的值为(　　)。

    A. ABCD1   B. B   C. BCD   D. ABCD

12. 设已定义

    char str[ ] = "abcd", * ptr = str;

则 *(ptr+4)的值为(　　)。

    A. d   B. 0   C. '0'   D. 字符d的地址

13. 下面对字符串变量的初始化或赋值操作中,错误的是(　　)。

    A. char a[ ]="OK";   B. char * a="OK";

    C. char a[10]; a="OK";   D. char * a; a="OK";

14. 设已定义

    char * ps[2] = { "abc","1234"};

则以下叙述中错误的是(　　)。

    A. ps为指针变量,它指向一个长度为2的字符串数组

    B. ps为指针数组,其两个元素分别存储字符串"abc"和"1234"的地址

    C. ps[1][2]的值为'3'

    D. *(ps[0]+1)的值为'b'

15. 设已定义

　　struct { int a,b; } s, * ps = &s;

则错误的结构体成员引用是（　　）。

　　A. s.a　　　　　　B. ps->a　　　　　　C. * ps.a　　　　　　D.（* ps).a

二、程序设计题

1. 输入3个字符串,输出其中最大的字符串(用字符指针)实现。

2. 输入10个整数,将其中最小的数和第一个数互换,最大的数和最后一个数互换。再将互换后的数组输出。要求用指针实现数组的访问。

3. 定义一个函数,函数的功能为求已知半径的圆的周长和面积。要求把半径、周长和面积设置成函数参数。

4. 定义字符串复制函数 mystrcpy(char * , char *),实现字符串复制功能,然后调用之。

5. 定义一个函数,函数参数为一维数组(用指针表示),函数返回数组元素的平均值。

6. 定义一个函数,删除字符串中第 k 个字符开始的 m 个字符。例如,删除字符串 abcde 第2个字符开始的3个字符,则删除后结果为 ae；又如删除字符串 abcde 第4个字符开始的5个字符,则删除后结果为 abc。

7. 在字符串中删除所有指定字符。例如,把字符串 teacher 中的 e 字符删除,得到 tachr。使用子函数和字符指针实现。

第 11 章 文 件

CHAPTER 11

计算机系统中的程序和数据资源需要借助于外部存储设备才能长期保存,而对计算机系统中资源的组织和管理是由操作系统完成的。操作系统把外部设备上相关的信息集合定义为文件,即操作系统以文件为单位对程序或数据进行管理。例如要运行某程序,操作系统首先要根据程序文件的名字到外存找到该文件,然后把文件复制到内存并运行。应用程序需要处理某数据文件中的数据,操作系统要按数据文件的名字到外部设备上找到该文件,然后再从该文件中把数据读入到内存处理。

11.1 文件概述

根据文件内容,可以把文件分为程序文件和数据文件两大类。程序是指令的集合,数据是程序处理的对象。当然,程序和数据也是相对的,如 C 语言源程序需要由编辑程序进行编辑,相对于编辑程序,C 源程序是编辑程序处理的数据。

数据文件有很多种,如文本文件、图形文件、声音文件、数据库文件等。可以从很多角度对文件进行分类。本章只讨论由 C 源程序处理的数据文件,如一份学生成绩单,一个通讯录等。下面只讨论与 C 语言文件操作有关的概念。

1. 文本文件和二进制文件

按文件中数据的存储方式分类,文件有文本文件和二进制文件两类。

文本文件是把内存中的数据转化为字符后以字符的 ASCII 码存储到文件中,所以也称为 ASCII 文件。例如 C 语言程序要把一个整数保存到文本文件中,首先把二进制整数转换为十进制,然后把该十进制数的各数码当成字符,以字符串的形式存储到文件中;相反地,程序从文本文件中读取一串数字字符,要转化成二进制后才存入内存。文本文件可用文本编辑器(如记事本)打开,供用户直接阅读和编辑。

二进制文件是把内存中的数据按原样直接存入文件中。因此二进制文件的读写效率和存储效率都比文本文件高,但用户不能直接阅读二进制文件。

不管一个整数的数值大小,它所占用的内存空间是固定的(例如在 VC 中占 4 个字节),而如果用十进制表示一个整数,其数码位数是由数据的大小确定的。图 11.1.1 表示整数1025 在文本文件和二进制文件中的存储形式,数据在二进制文件中的存储形式也是在内存的存储形式。

C 语言同时支持文本文件和二进制文件。

(a) 整数1025以ASCII码存储　　　(b) 整数1025以二进制数存储

图 11.1.1　整数在两种文件中的存储方式

2. 结构文件和非结构文件

按文件中数据的组织方式分类，有结构文件和非结构文件两类。

结构文件由记录组成，各记录具有相同的、确定的数据类型。例如数据库VFP的表文件(dbf)就是结构文件，高级语言 PASCAL 也支持结构文件。

C语言不支持结构文件，C语言把文件看作是字符流或字节流。即文件是由一系列字符或字节按一定次序组成。C语言以字节作为文件的基本存取单位，从文件中读写数据的过程只受程序控制，不受物理符号的控制。因此，往文本文件中写数据时，各数据之间要人为加入分隔符号，系统不会自动分隔各数据。往二进制文件中写数据时，应记住数据类型，否则以后无法读出，或读出后无法使用。

3. 缓冲文件系统和非缓冲文件系统

根据系统对文件中数据的读写方式不同，有缓冲文件系统和非缓冲文件系统两种。C语言提供了两种文件系统对文件进行操作，即提供了两套操作函数来存取文件。

缓冲文件系统又称为标准文件系统或高层文件系统，它与具体机器无关，通用性好，使用方便。VC使用的是缓冲文件系统。

非缓冲文件系统又称为低级文件系统，与机器有关，使用较困难，但节省内存，执行效率较高。UNIX 系统用非缓冲文件系统处理二进制文件。

当程序读写文件时，需要频繁启动磁盘，这必然降低程序的执行效率。为提高效率，在内存开辟一块称为缓冲区的区域用于 I/O 操作。对于输出操作，每次输出的数据先存储于缓冲区，只有当缓冲区数据存满后，才一次将缓冲区中的数据全部输出到外存文件中。对于输入操作，每次读入的数据也都来自缓冲区，当缓冲区没有所需的数据时，则系统一次从外存文件中读入足够的数据填满缓冲区，如图 11.1.2 所示。缓冲文件系统中有关缓冲区大小的定义，缓冲区的分配和管理是由系统自动完成的。非缓冲文件系统并不是没有缓冲区，而是有关缓冲区的管理和操作是由用户自己在应用程序中定义。

本章只介绍缓冲文件系统。

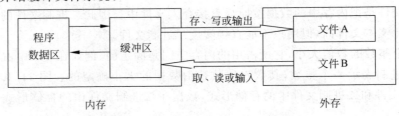

图 11.1.2　缓冲文件系统示意图

11.2 文件的打开和关闭

缓冲文件系统为每个正在使用的文件开辟一个缓冲区,用户对文件的读写操作实际上也是对文件缓冲区的操作。因此需要有一个变量来保存缓冲区及文件的相关信息,系统已为该变量定义了数据类型,这个结构体类型名为 FILE,在头文件 stdio.h 中定义。不同的 C 系统 FILE 结构体的成员个数、名称和类型有些差别,VC 对 FILE 定义如下:

```
struct _iobuf {
    char *_ptr;                //用于指示文件读写的字符位置
    int   _cnt;
    char *_base;               //缓冲区首地址
    int   _flag;
    int   _file;
    int   _charbuf;
    int   _bufsiz;             //缓冲区大小
    char *_tmpfname;
};
typedef struct _iobuf FILE;
```

其实,一般用户并不必了解 FILE 型变量的细节。用户只要定义一个指向 FILE 类型的指针(称为文件指针),由文件指针代表该文件,然后调用系统提供的相关函数,就可以对文件进行操作了。

11.2.1 文件的打开

C 语言并不是直接通过文件名对文件进行操作,而是首先创建一个和文件关联的文件指针变量,然后通过该文件指针变量操作文件。因此文件使用之前要打开,打开文件完成以下工作:

(1) 在外部设备中找到或创建指定的文件;
(2) 在内存中为文件建立缓冲区;
(3) 建立文件变量;
(4) 确定文件的使用方式。

C 语言用 fopen 函数打开文件,fopen 函数的原型如下:

```
FILE * fopen(char * filename, char * mode);
```

其中字符串型参数 filename 为文件名,文件名必须包含文件扩展名(如果有的话),也可以包含文件路径;参数 mode 为文件的使用方式,文件使用方式详见表 11.1.1;函数返回文件变量的指针,如果文件打开失败则返回 0。

例如:

```
FILE * fp;                     //定义文件指针 fp
fp = fopen("file1.txt", "r");
```

以上表达式以"只读"方式打开用户文件夹的 file1.txt 文件,并把与 file1.txt 相关的文件变量的首地址赋给文件指针变量 fp，使文件 file1.txt 和指针变量 fp 建立关联。

表 11.1.1　文件打开方式

文本文件		二进制文件	
mode	含　义	mode	含　义
r	为读取数据打开文本文件	rb	为读取数据打开二进制文件
w	为写入数据打开或创建文本文件	wb	为写入数据打开或创建二进制文件
a	为追加数据打开文本文件	ab	为追加数据打开二进制文件
r+	为读取或写入数据打开文本文件	r+b	为读取或写入数据打开二进制文件
w+	为读取或写入数据打开文本文件	w+b	为读取或写入数据打开二进制文件
a+	为读取或追加数据打开文本文件	a+b	为读取或追加数据打开二进制文件

对表 11.1.1 中各种文件打开方式作进一步说明如下：

（1）以 r 或 rb 方式打开文件，只能从文件中读取数据，不能向文件写入数据。因此打开的文件必须已存在，否则出错。文本文件用 r 方式打开，二进制文件用 rb 方式打开。rb 方式其实由 r 方式和 b 方式组成，r 是对文件的操作方式（只读），b 是文件中数据的存储方式（二进制），如果没有指定文件的存储方式，默认为文本文件。

注意：在 Visual C++ 系统，并不区分 r 和 rb。

（2）以 w 或 wb 方式打开文件，只能向文件中写入数据，不能从文件读取数据。如果文件不存在，则创建文件，否则清除原文件内容，文件只保存新写入的数据。

（3）a 方式和 w 方式的区别是，以 a 方式打开文件，文件必须已经存在，否则出错。新写入的数据添加到原数据之后。

（4）r+ 和 w+ 功能相同，都是以读写方式打开文件。即打开文件后，可把数据写入文件，也可从文件中读取数据。

（5）a+ 和 w+ 的区别是，文件打开后，文件的读写位置指示器的初始值不同。在 FILE 型变量中，有一个用于指示文件当前可读或可写字符位置的成员，俗称文件位置指示器。用 w 方式打开文件，文件位置指示器指向文件的第一个字符（字节），用 a 方式打开文件，文件位置指示器指向文件末尾，即文件最后字符（字节）之后。

11.2.2　文件的关闭

与文件打开操作相对应，文件使用之后应关闭。关闭文件完成以下工作：

（1）如果文件以"写"或"读写"方式打开，把缓冲区中未存入文件的数据存储到文件中，并在文件末尾加入文件结束符-1；

（2）解除文件指针变量与文件的关联，文件指针变量可另作他用；

（3）释放文件缓冲区。

C 语言文件系统把 ASCII 码为 -1 的字符作为文本文件结束符，并在 stdio.h 头文件中定义了宏 EOF 的值为 -1。即

```
#define  EOF  -1
```

关闭文件使用 fclose 函数。fclose 函数的原型如下：

```
int fclose(FILE * f);
```

其中函数参数 f 是指向被关闭文件的指针变量。如果文件关闭成功返回函数值 0,否则返回函数值 −1。例如:

```
fclose(fp);
```

关闭了文件指针 fp 所指向的文件,即关闭了与变量 fp 关联的 file1.txt 文件。

在 Visual C++ 等系统中,具有较完善的文件保护功能,如果用户没有关闭文件,系统释放文件指针变量 fp 之前会自动关闭与 fp 关联的文件。

C 语言把标准输入输出设备也看作文件,并定义了文件指针 stdin 和 stdout 分别指向标准输入设备文件(键盘)和标准输出设备文件(显示器)。标准输入和标准输出文件的打开和关闭操作由系统自动完成。

11.3 文件的读写

读写文本文件和读写二进制文件所使用的函数不同,下面分别介绍。

11.3.1 文本文件的读写

标准输入文件(stdin)和标准输出文件(stuout)都是文本文件。系统专门为标准文件定义了一套读写函数,如 printf、scanf 等。

其实之前使用过的标准输入/输出函数并不都是真正的函数,它们有的是由其他函数派生出来的宏,例如 getchar 和 putchar 就是宏,它们在 stdio.h 中定义如下:

```
#define getchar()   getc(stdin)
#define putchar(c)  putc(c,stdout)
```

但就使用角度而言,并不关心系统如何实现的具体细节,所以不管是真正的函数还是宏,一般都统称为输入/输出函数。

系统为一般文本文件定义了一套读写函数,常用的有如下几个:

1. 字符输出函数 putc 或 fputc

putc 和 fputc 函数功能相同,都是把一个字符写到文件中。putc 函数原型如下:

```
char putc(char c , FILE * f);
```

调用该函数把参数 c 的值输出到 f 所指向的文件中。如果调用成功把 c 作为函数值返回,否则返回 −1。

【例 11.3.1】 把字符串写到文本文件 abc.txt 中。

程序代码如下:

```
#include <stdio.h>
int main()
{
    FILE * fp;
    char msg[] = "Welcome to study Programming in Language C";
    int i = 0;
    fp = fopen("abc.txt","w");          //以"写"方式打开文本文件 abc.txt
```

```
        while(msg[i])
            putc(msg[i++],fp);              //把字符 msg[i]写到与 fp 关联的文件中
        fclose(fp);
        return 0;
    }
```

运行上面程序之后,请用"记事本"打开文件 abc.txt,查看文件内容。

2. 字符输入函数 getc 或 fgetc

getc 和 fgetc 函数功能相同,都是从文件中读取一个字符。getc 函数原型如下:

```
char getc( FILE * f);
```

调用该函数从 f 所指向的文件中读取一个字符作为函数值返回,如果遇到文件结束符或调用错误,则返回 -1。

【例 11.3.2】 读取文件 abc.txt 中的所有字符并显示到屏幕上。

程序代码如下:

```
#include <stdio.h>
int main()
{
    FILE * fp;
    char c;
    fp = fopen("abc.txt","r");          //文件以"读"方式打开
    while(!feof(fp))                    //当文件位置指针指向文件末尾时结束循环
    {
        c = getc(fp);                   //从与 fp 关联的文件中读一个字符并赋给变量 c
        putc(c,stdout);                 //把变量 c 的值输出到文件 stdout 中,即显示到屏幕
    }
    putc('\n',stdout);
    fclose(fp);
    return 0;
}
```

说明:程序中调用了 feof()函数,feof 是文件测试函数。当以 r 方式打开文件时,文件位置指示器指向文件第一个字符,每调用 getc(fp)函数,读取位置指示器指示的字符,然后位置指示器指向下一个字符。当文件位置指示器指向文件某字符时,feof 函数的值为 0,当文件位置指示器指向文件结束符时,feof 的值非 0。

在例 11.3.2 程序中,也可用表达式 c!=EOF 或 c!=-1 作为 while 循环的条件。将 11.3.2 程序中的 putc(c,stdout)分别用 putchar(c)、printf("%c\t",c)和 printf("%d\t",c) 替代,再查看程序的运行结果。

3. 字符串输出函数 fputs

fputs 函数功能是把一个字符串写到文件中。fputs 函数原型如下:

```
int fputs(char * s , FILE * f);
```

调用该函数把参数 s 的值(不包括字符串结束符'\0')输出到 f 所指向的文件中。如果调用成功返回函数值 0,否则返回 -1。

【例 11.3.3】 把字符串写到文本文件中。

程序代码如下：

```c
#include <stdio.h>
int main()
{
    FILE *fp;
    char msg[] = "Welcome to study Programming in Language C";
    fp = fopen("abc2.txt","w");        //文件以"写"方式打开
    fputs(msg, fp);                    //把字符串 msg 的值写入 fp 所指向的文件
    fclose(fp);
    return 0;
}
```

4. 字符串输入函数 fgets

fgets 函数功能是从文件中读取一个指定长度的字符串。fgets 函数原型如下：

```c
char *fgets(char *str, int len, FILE *f);
```

调用该函数从 f 所指向的文件中读取 len-1 个字符存储于字符串参数 str 中，并在 str 末尾加入字符串结束符'\0'，如果文件中已不足 len-1 个字符，则读取剩余的所有字符。

【例 11.3.4】 读取文件 abc2.txt 中的所有字符并显示到屏幕上。

程序代码如下：

```c
#include <stdio.h>
int main()
{
    FILE *fp;
    char s[50];
    fp = fopen("abc2.txt","r");        //文件以"读"方式打开
    fgets(s,50,fp);                    //从 fp 所指文件中读取 49 个字符并存储于字符串 s 中
    puts(s);                           //把变量 s 的值输出到屏幕
    fclose(fp);
    return 0;
}
```

【例 11.3.5】 运行下面程序，观察并分析程序运行结果。

程序代码如下：

```c
#include <stdio.h>
int main()
{
    FILE *fp;
    char s[10],i;
    fp = fopen("abc2.txt","r");
    for(i = 1;i < 10;i++)
    {
        fgets(s,10,fp);
        puts(s);
    }
```

```
            fclose(fp);
            return 0;
}
```

5. 格式化输出函数 fprintf

函数 fprintf 可以按指定格式向文本文件写入数据。fprintf 函数和 printf 函数的作用相仿，只是 printf 函数专用于向标准输出文件（显示器）输出，而 fprintf 可对一般文件输出。fprintf 函数的原型如下：

```
int fprintf(FILE * fp, const char * format,输出项列表);
```

其中参数 fp 是指向输出文件的指针；format 是格式字符串，由格式字符和非格式字符组成；输出项列表是将输出到文件中的数据项，可以是常量、变量或表达式的值；输出项的个数应和格式符的数量相同。

函数调用 fprintf(stdout,"abc\n")等价于 printf("abc\n")。

【例 11.3.6】 把 2~500 之间的所有素数存入文件 prime.txt。

程序代码如下：

```
int prime(int k)    //prime 函数的功能是判断 k 是否素数,是则返回 1,否则返回 0
{   int b = 1;
    for(int i = 2;i <= k/2;i++)
        if(k % i == 0){b = 0; break;}
    return b;
}

int main()
{   FILE * outf;
    outf = fopen("prime.txt","w");
    for(int i = 2;i <= 500;i++)
        if(prime(i)) fprintf(outf," % d\t",i);    //注意数据之间的分隔符\t
    fclose(outf);
    return 0;
}
```

说明：在 fprintf 函数调用中，格式字符串中加入分隔符\t 是十分必要的，如果文件中的数据没有人为加入分隔符，写入文件的数据将连接在一起，该文件中的数据是无法使用的。

试把例 11.3.6 程序中的输出改为 fprintf(outf,"%d",i)，运行程序后，用"记事本"打开 prime.txt 文件，查看文件内容。

6. 格式化输入函数 fscanf

格式化输入函数 fscanf 用于从文本文件中读取数据，fscanf 函数的原型如下：

```
int fscanf(FILE * fp, const char * format,输入项地址列表);
```

函数 fscanf 使用方式和 scanf 函数相似。

函数调用 fscanf(stdin,"%d",&a)和 scanf("%d",&a)等价。

【例 11.3.7】 从文件 prime.txt 中读数据,并显示到屏幕。

程序代码如下：

```c
int main()
{   FILE * inf;
    inf = fopen("prime.txt","r");
    int k,i = 1;
    while (!feof(inf))
    {   fscanf(inf,"%d",&k);
        printf("%d\t",k);
        if(i++ % 10 == 0)printf("\n");
    }
    fclose(inf);
    return 0;
}
```

从文本文件中读取数据时，一定要注意文件中的数据格式。即函数 fscanf 中的格式字符串描述的格式必须和文件中数据的格式一致，否则将产生不可预料的结果。一般而言，函数 fscanf 中的格式字符串应和文件写入时 fprintf 函数中的格式字符串一致。

11.3.2 二进制文件的读写

二进制文件用数据块读写函数读写。

1. 写数据块函数 fwrite

fwrite 函数的原型如下：

```c
int fwrite (void * ptr , int size , int count , FILE * fp);
```

其中参数 ptr 为数据块的首地址；参数 size 为数据块的长度；参数 count 为数据块数量；参数 fp 为指向二进制文件的指针。

函数 fwrite 的功能是把以 ptr 为首地址的，总长度为 size * count 个字节的数据块原样地写到 fp 指针指向的文件中。

【例 11.3.8】 把三个学生的资料存入二进制文件 stu.dat 中。

程序代码如下：

```c
#include <stdio.h>
struct student_type
{   int num;
    char name[15];
    int score;
} stu[3] = {{101,"zhangsan",90},
            {102,"lisi",85},
            {103,"wangwu",96}
           };
int main()
{
    FILE * fp;
    int i;
    fp = fopen("stu.dat","wb");                    //注意文件的打开方式
    for(i = 0;i < 3;i++)
```

```
        fwrite(&stu[i],sizeof(student_type),1,fp); //每次写入一个学生的资料
    fclose(fp);
    return 0;
}
```

例 11.3.8 的主函数也可修改如下代码:

```
int main()
{
    FILE *fp;
    int i;
    fp = fopen("stu.dat","wb");
    fwrite(stu,sizeof(student_type),3,fp);         //一次写入3个学生的资料
    fclose(fp);
    return 0;
}
```

说明:在第一个程序中,每调用一次 fwrite 函数向 stu.dat 文件写入一个学生的资料,而在第二个程序中,调用一次 fwrite 函数向 stu.dat 文件写入三个学生的资料。

2. 读数据块函数 fread

二进制文件中的数据由函数 fread 读出。函数 fread 的原型如下:

int fread (void *ptr , int size , int count , FILE *fp);

函数 fread 的功能是从 fp 所指向的文件中读取 size*count 个字节存入到 ptr 指定的内存空间。因此 ptr 必须是已定义的变量地址。

【例 11.3.9】 从二进制文件 stu.dat 中读取各学生的数据并显示在屏幕上。

程序代码如下:

```
#include <stdio.h>
struct student_type
{   int num;
    char name[15];
    int score;
};
int main()
{   struct student_type s;
    FILE *fp;
    int i;
    fp = fopen("stu.dat","rb");
    for(i = 1;i <= 3;i++)
    {   fread(&s,sizeof(student_type),1,fp);
        printf("num = %d\tname = %s\tscore = %d\n",s.num,s.name,s.score);
    }
    fclose(fp);
    return 0;
}
```

注意:从二进制文件中读取数据时,也应注意数据类型的匹配。

【例 11.3.10】 下面程序把 1~9 等 9 个整数写入到二进制文件 ex 中,然后又把文件中的数据依次读入到实型变量 f 中,请查看屏幕显示结果。如果把 f 修改为整型,并以%d 的格式输出,再查看屏幕显示结果。

```c
#include<stdio.h>
int main()
{
    FILE *fp;
    int i;
    float f;
    fp = fopen("ex","wb");                //以写方式打开二进制文件
    for(i = 1;i<10;i++)
        fwrite(&i,4,1,fp);
    fclose(fp);                           //关闭文件
    fp = fopen("ex","rb");                //文件再次以读方式打开
    for(i = 1;i<10;i++)
    {   fread(&f,4,1,fp);
        printf(" % f\n",f);
    }
    fclose(fp);
    return 0;
}
```

11.4 文件的定位

在 FILE 变量中,有一个称为"文件位置指示器"或称为"位置指针"的域,该域记录着文件的当前读写位置。当文件以 r 方式打开时,位置指示器指向文件的第一个字符(字节),当位置指示器所指的字符被读取时,位置指示器自动指向下一个字符,当位置指示器指向文件结束符时,feof 函数值为非 0。当文件以 w 方式打开时,位置指示器指向文件的开头处,每写入一个字符,位置指示器自动向后移动。利用文件位置指示器的自动移动的功能,可以对文件进行顺序读写操作。必要时,文件位置指示器可以人为改变,这可通过调用系统提供的有关函数完成。

1. 复位函数 rewind

rewind 函数的原型如下:

int rewind(FILE *f);

函数的功能是使 f 所指文件的位置指示器重新指向文件的第一个字符。

【例 11.4.1】 对 stu.dat 文件中的学生进行分类输出。先输出成绩优秀(≥90 分)的学生,再输出不及格的学生。

程序代码如下:

```c
#include<stdio.h>
struct student_type
{   int num;
    char name[15];
```

```
            int score;
    };
    int main()
    {   struct student_type s;
        FILE *fp;
        int i;
        fp=fopen("stu.dat","rb");
        printf("优秀学生:\n");
        while(!feof(fp))                              //读取文件中的所有学生资料
        {   fread(&s,sizeof(student_type),1,fp);
            if(s.score>=90)                           //把优秀学生显示到屏幕
                printf("num=%d\tname=%s\tscore=%d\n",s.num,s.name,s.score);
        }
        rewind(fp);                                   //文件位置指针复位,以便重新读取文件中的数据
        printf("不及格的学生:\n");
        while(!feof(fp))                              //再次读取文件中的所有数据
        {   fread(&s,sizeof(student_type),1,fp);
            if(s.score<=60)                           //把不及格的学生资料显示到屏幕
                printf("num=%d\tname=%s\tscore=%d\n",s.num,s.name,s.score);
        }
        fclose(fp);
        return 0;
    }
```

说明：例 11.4.1 中程序读取文件 stu.dat 中的数据两次。其中函数 rewind(fp) 调用使得能重新读取文件中的数据。本例中 rewind(fp) 可以由 fp=fopen("stu.dat","rb") 代替，即当第二次读取文件之前重新打开文件。当然用后一种方法将增加时间开销。

2. 定位函数 fseek

fseek 函数的原型如下：

```
int fseek( FILE *f , int offset , int origin );
```

函数的功能是使 f 所指文件的位置指示器指向以 origin 为起始点，偏移量为 offset 字节的新位置。

其中参数 origin 可能取值为 0、1 或 2。当参数 origin 取 0 值时，表示以文件开头为基准点偏移；当参数 origin 取 1 值时，表示以当前位置为基准点偏移；当参数 origin 取 2 值时，表示以文件尾端为基准点偏移。

当参数 origin 值取 0，参数 offset 应取正数；当参数 origin 值取 2，参数 offset 应取负数。当文件指示器新位置落在文件开头之前时，则指向文件开头；当文件指示器新位置落在文件尾端之后时，可能会产生不可预料的结果。

在头文件 stdio.h 中，定义了三个宏，分别为

```
#define SEEK_SET    0
#define SEEK_CUR    1
#define SEEK_END    2
```

在函数调用时，使用宏标识符使程序更具可读性。例如 fseek(fp,10,SEEK_SET) 和 fseek(fp,10,0) 等价。

【例11.4.2】 把文件 stu.dat 中"lisi"同学的成绩改为 65 分。

程序代码如下：

```c
#include<stdio.h>
#include<string.h>
struct student_type
{   int num;
    char name[15];
    int score;
};
int main()
{   struct student_type s;
    FILE *fp;
    fp=fopen("stu.dat","r+b");
    while(!feof(fp))
    {   fread(&s,sizeof(student_type),1,fp);         //读取一个学生的资料
        if(strcmp(s.name,"lisi")==0)                  //判断读取的学生是否 lisi
        {   s.score=65;                               //修改 lisi 的成绩
            fseek(fp,-sizeof(student_type),SEEK_CUR); //文件指示器回退
            fwrite(&s,sizeof(student_type),1,fp);     //把修改后的资料重新写入
            break;
        }
    }
    fclose(fp);
}
```

说明：例 11.4.2 程序依次把文件 stu.dat 各学生记录输入给结构体变量 s,并检查 s 的值,如果 s 为要修改的记录,则修改后又写入文件 stu.dat 中。在读文件过程中,每读入一个记录,文件位置指针自动移到下一个记录,要把修改后的记录写入到文件原位置,就必须调用 fseek 函数,使文件位置指针回退一个记录。另外应注意,程序中对 stu.dat 文件既有读操作,又有写操作,所以应用 r+b 方式打开,或用 w+b 方式打开。

fseek 函数一般用于二进制文件,因为二进制文件中各数据的长度(所占用的字节数)比较容易确定。而文本文件需要进行文本转换,数据的长度不好确定,计算位置时往往会发生混乱。

【例11.4.3】 假设 2～500 之中所有素数分别保存在二进制文件 prime.dat 和文本文件 prime.txt 中,要求输出文件中第 i 个素数。

程序代码如下：

*程序1：从二进制文件中读出第 i 个素数

```c
#include<stdio.h>
int main()
{   FILE *inf;
    int k,i;
    printf("i=");
    scanf("%d",&i);                              //从键盘输入 i 的值
    inf=fopen("prime.dat","rb");
```

```
        fseek(inf,(i-1)*sizeof(int),0);        //文件位置指针移到第 i 个数据处
        fread(&k,sizeof(int),1,inf);            //读取文件的第 i 个数据
        printf("k = %d\n",k);
        fclose(inf);
}
```

*程序 2：从文本文件中读出第 i 个素数

```
#include <stdio.h>
int main()
{   FILE *inf;
    int k,i;
    printf("i = ");
    scanf("%d",&i);
    inf = fopen("prime.txt","r");
    fseek(inf,(i-1)*sizeof(int),0);           //应该如何确定每个数据的长度?
    fscanf(inf,"%d",&k);                      //读取的不是我们想要的数据
    printf("k = %d\n",k);
    fclose(inf);
    return 0;
}
```

说明：为了能正确定位文本文件中各数据的准确位置，向文本文件写入数据时应正确设定各数据的长度，如向 prime.txt 写数据时可使用函数 fprintf(outf,"%5d",i)，程序 2 的 fseek 函数就可改为 fseek(inf,(i-1)*5,0)。

3. 显示位置指针函数 ftell

ftell 函数的原型如下：

int ftell(FILE *f);

函数的功能是返回 f 所指文件的位置指针值。即位置指针相对于文件开头的位移量。

有时需要知道文件位置指示器的当前位置，可调用 ftell 函数。例如可在例 11.4.3 程序中插入语句 printf("ftell=%d\n",ftell(inf))，显示文件位置指针移动后的值。

习题

一、选择题

1. 系统的标准输入文件是指(　　)。
    A. 键盘　　　　　　B. 显示器　　　　　C. 鼠标　　　　　D. 硬盘
2. 以下叙述中，正确的是(　　)。
    A. 函数 fprintf()不能将数据写入标准输出文件(屏幕)
    B. 文本文件和二进制文件分别用不同的函数打开
    C. 函数 rewind()可以定位文件的任意指定位置
    D. 函数 fseek()可以以不同的基准点定位文件读取位置
3. 若要打开一个新的二进制文件，接着向文件写入二进制数据，则文件打开方式字符

串应是( )。

    A. ab   B. wb   C. rb   D. rb+

4. 若以"a+"方式打开文件,则以下叙述中正确的是( )。

    A. 把文件位置指针移到文件末尾,可对文件进行添加或读操作
    B. 把文件位置指针移到文件开头,可对文件进行重写或读操作
    C. 如果打开的文件不存在,则创建新文件
    D. 如果对打开的文件进行写操作,文件原有内容将被覆盖

5. 函数 fseek(fp,10,2)的功能是( )。

    A. 将文件的位置指针移到距离文件头 10 个字节处
    B. 将文件的位置指针移到距离文件末尾前 10 个字节处
    C. 将文件的位置指针移到当前位置前 10 个字节处
    D. 将文件的位置指针移到当前位置后 10 个字节处

6. 下面函数调用中,正确的是( )。

    A. fopen('file.txt ','r ')   B. fprintf("%d ",data,fp)
    C. fclose('file.txt ')   D. fread(&i,sizeof(int),1,fp)

二、程序设计题

1. Point.txt 文件中有 100 个点的坐标,编程读入这些坐标,计算每个坐标与原点(0,0)的距离,并显示在屏幕上。

2. 修改程序,将第一题的结果输出至 distance.txt 文件中。

3. 读入一个 C 源程序,并显示在屏幕上。统计出该源程序的行数(使用函数 fgetc(),换行符的 ACSII 码为 10)。

4. 读入一个 C 源程序,并显示在屏幕上,显示时在每程序行前面显示出行号(使用函数 fgets(s,100,inf),当改变函数第二个参数的值时,观察程序运行结果)。

5. 把 1~1000 之间的所有完数写入文本文件 file1.txt。

6. 读取文本文件 file1.txt 中的所有数据,显示在屏幕上,并输出它们的平均值。

7. 把学生考试成绩表写入二进制文件 file2.dat。本班有 n 个学生,每个学生的资料由学号(字符型)、姓名(字符型)和考试成绩(整型)组成。

8. 向二进制文件 file2.dat 追加一个学生的资料。

9. 读取二进制文件 file2.dat 中的所有数据,显示出不及格的学生名单。

10. 把文件 file2.dat 中第 3 个学生的成绩增加 10 分(增加后新成绩不能超过 100 分)。

11. 把文本文件 file1.txt 重新存为二进制文件 file3.dat。

附录 A ASCII 编码字符集
APPENDIX A

字符名称/意义	二进制编码	十进制编码
NUL/空字符(Null)	0000 0000	0
SOH	0000 0001	1
STX	0000 0010	2
ETX	0000 0011	3
EOT	0000 0100	4
ENQ	0000 0101	5
ACK	0000 0110	6
BEL/响铃字符	0000 0111	7
BS/退格	0000 1000	8
HT/横向跳格(tab)	0000 1001	9
LF/换行(enter)	0000 1010	10
VT/竖向跳格	0000 1011	11
FF/走纸换页	0000 1100	12
CR/回车但不换行	0000 1101	13
SO	0000 1110	14
SI	0000 1111	15
DLE	0001 0000	16
DC1	0001 0001	17
DC2	0001 0010	18
DC3	0001 0011	19
DC4	0001 0100	20
NAK	0001 0101	21
SYN	0001 0110	22
ETB	0001 0111	23
CAN/取消	0001 1000	24
EM	0001 1001	25
SUB	0001 1010	26
ESC/跳出	0001 1011	27
FS/文件分割符	0001 1100	28
GS	0001 1101	29
RS	0001 1110	30

续表

字符名称/意义	二进制编码	十进制编码
US	0001 1111	31
空格	0010 0000	32
!	0010 0001	33
"	0010 0010	34
#	0010 0011	35
$	0010 0100	36
%	0010 0101	37
&	0010 0110	38
'	0010 0111	39
(	0010 1000	40
)	0010 1001	41
*	0010 1010	42
+	0010 1011	43
,	0010 1100	44
-	0010 1101	45
.	0010 1110	46
/	0010 1111	47
0	0011 0000	48
1	0011 0001	49
2	0011 0010	50
3	0011 0011	51
4	0011 0100	52
5	0011 0101	53
6	0011 0110	54
7	0011 0111	55
8	0011 1000	56
9	0011 1001	57
:	0011 1010	58
;	0011 1011	59
<	0011 1100	60
=	0011 1101	61
>	0011 1110	62
?	0011 1111	63
@	0100 0000	64
A	0100 0001	65
B	0100 0010	66
C	0100 0011	67
D	0100 0100	68
E	0100 0101	69
F	0100 0110	70
G	0100 0111	71
H	0100 1000	72

续表

字符名称/意义	二进制编码	十进制编码
I	0100 1001	73
J	0100 1010	74
K	0100 1011	75
L	0100 1100	76
M	0100 1101	77
N	0100 1110	78
O	0100 1111	79
P	0101 0000	80
Q	0101 0001	81
R	0101 0010	82
S	0101 0011	83
T	0101 0100	84
U	0101 0101	85
V	0101 0110	86
W	0101 0111	87
X	0101 1000	88
Y	0101 1001	89
Z	0101 1010	90
[	0101 1011	91
\	0101 1100	92
]	0101 1101	93
^	0101 1110	94
_	0101 1111	95
`	0110 0000	96
a	0110 0001	97
b	0110 0010	98
c	0110 0011	99
d	0110 0100	100
e	0110 0101	101
f	0110 0110	102
g	0110 0111	103
h	0110 1000	104
i	0110 1001	105
j	0110 1010	106
k	0110 1011	107
l	0110 1100	108
m	0110 1101	109
n	0110 1110	110
o	0110 1111	111
p	0111 0000	112
q	0111 0001	113
r	0111 0010	114

续表

字符名称/意义	二进制编码	十进制编码
s	0111 0011	115
t	0111 0100	116
u	0111 0101	117
v	0111 0110	118
w	0111 0111	119
x	0111 1000	120
y	0111 1001	121
z	0111 1010	122
{	0111 1011	123
|	0111 1100	124
}	0111 1101	125
~	0111 1110	126
DEL/删除	0111 1111	127

附录 B C 语言运算符的优先级和结合性

APPENDIX B

优先级	运算符	含义	操作数个数	结合方向	举例
1	( ) [ ] -> .	函数调用 数组元素访问（或下标操作） 成员选择（对象指针->成员） 成员选择（对象.成员）		从左到右	getchar() array[6]或array[i+1] p->num stud.num
2	! ~ ++ -- - (类型名) * & sizeof	逻辑非 按位取反 自增 自减 负号 强制类型转换 间接访问 取地址 计算变量或类型占内存字节数	1 单目运算符	从右到左	!a ~0 i++　++i i--　--i -i (float)25.0%10 *p &x sizecf(x)　sizeof(int)
3	* / %	乘法 除法 取余数	2 双目运算符	从左到右	2*x x/y 328%10
4	+ -	加法 减法	2 双目运算符	从左到右	x+y x-y
5	< <= > >=	小于 小于或等于 大于 大于或等于	2 双目运算符	从左到右	x<y x<=y x>y x>=y
6	== !=	等于 不等于	2 双目运算符	从左到右	x==y x!=y
7	&&	逻辑与	2 双目运算符	从左到右	x&&y
8	||	逻辑或	2 双目运算符	从左到右	x||y
9	?:	条件操作	3 三目运算符	从右到左	x?y:z

续表

优先级	运算符	含义	操作数个数	结合方向	举例
10	= += -= *= /= %= &= ^= |= >>= <<=	赋值 复合赋值	2 双目运算符	从右到左	x=65 x+=8 x-=6 x*=3 x/=2 x%=7 x&=2 x^=a x|=a a>>=3 a<<=2
11	,	逗号操作 （顺序求值运算）	2 双目运算符	从左到右	a=1,b=2,c=3

参 考 文 献

[1] 谭浩强. C程序设计[M]. 2版. 北京：清华大学出版社，2000.
[2] 崔武子，赵重敏，李青. C程序设计教程[M]. 北京：清华大学出版社，2003.
[3] 龚沛曾，杨志强. C/C++程序设计教程[M]. 北京：高等教育出版社，2004.
[4] 周玉龙. 高级语言C++程序设计[M]. 北京：高等教育出版社，2004.
[5] 陈家骏，郑滔. 程序设计教程[M]. 北京：机械工业出版社，2004.
[6] Brian W. Kernighan, Dennis M. Ritchie. C程序设计语言[M]. 2版. 北京：机械工业出版社，2005.
[7] Eric S. Roberts. C语言的科学和艺术[M]. 北京：机械工业出版社，2005.
[8] 郑莉，董渊. C++语言程序设计[M]. 2版. 北京：清华大学出版社，2001.
[9] 万常选，舒蔚. C语言与程序设计方法[M]. 北京：科学出版社，2005.
[10] 王曙燕. C语言程序设计[M]. 北京：科学出版社，2005.
[11] 李凤霞. C语言程序设计教程[M]. 北京：北京理工大学出版社，2004.
[12] 沈克永. C/C++程序设计[M]. 北京：北京邮电大学出版社，2004.
[13] 廖雷. C语言程序设计基础[M]. 北京：高等教育出版社，2004.
[14] 何钦铭. C语言程序设计[M]. 北京：人民邮电出版社，2003.
[15] 张莉. C/C++程序设计教程[M]. 北京：清华大学出版社，2004.
[16] 徐士良. C程序设计[M]. 北京：机械工业出版社，2004.
[17] 钱能. C++程序设计教程[M]. 2版. 北京：清华大学出版社，2005.
[18] K. N. King. C语言程序设计现代方法[M]. 2版. 北京：人民邮电出版社，2016.